Bronzeportale am Villinger Münster

Klaus Ringwald

Bronzeportale am Villinger Münster

Vorwort von Kurt Müller

Texte von Alfons Deissler und Herbert Schade

Fotos von Fred Hugel

Belser Verlag

STUTTGART

ZÜRICH

Vorwort

Die Renovation des Villinger Münstes stand eigentlich schon seit dem Ende des zweiten Weltkrieges an. Glasbruch und einige kleine Schäden konnten provisorisch behoben werden, es standen jedoch in der Nachkriegszeit keine größeren Mittel zur Verfügung. Die Stadt wuchs, neue Kirchen und Gemeindezentren mußten gebaut werden. Das Münster behielt sein altes, staubiges Kleid, bis schließlich 1976 vom Südturm fallende Sandsteinbrocken den Beginn der Außenrenovation erzwangen.

Bereits bei der Gründung Villingens durch die Zähringer Herzöge, um die Wende vom 11. zum 12. Jahrhundert, wurde im nordwestlichen Stadtviertel der Platz für die stattliche Pfarrkirche festgelegt. Die Fundamente zweier Vorgängerkirchen des jetzigen Münsters konnten bei archäologischen Untersuchungen 1978 vermessen werden. Heute steht der dritte Bau an dieser zentralen Stelle der Stadt, ein Bau, der trotz zahlreicher Veränderungen im Mittelalter und in der Barockzeit einen geschlossenen Eindruck macht.

Von der betriebsamen Fußgängerzone kommend, findet der Besucher auf dem Münsterplatz Weite und Stille. Die Doppeltürme leiten den Blick nach oben, und die romanischen Portale im Süden und Westen sprechen in der schlichten und klaren Sprache ihrer Architektur eine vernehmbare Einladung aus, das Gotteshaus zu betreten. Das südliche Doppelportal war bis 1851 durch einen schönen Vorbau des 16. Jahrhunderts betont. Der »Bildersturm« des 19. Jahrhunderts hat ihn, zusammen mit künstlerisch wertvollen Stücken der Innenausstattung beseitigt. Die gar zu einfachen Holztüren und die leeren Bogenfelder über dem Südportal standen nun in einem störenden Kontrast zum künstlerischen Anspruch der ehrwürdigen, feingliedrigen romanischen Gewände.

Ein Kunstfreund und Mäzen aus der Stadt hat die verantwortlichen Gremien früh darauf hingewiesen, daß mit der notwendigen Renovierung die Chance gegeben sei, mit neuen Portalen das äußere Erscheinungsbild des Münsters so aufzuwerten, wie es diesem bedeutsamsten Sakralbau unserer Landschaft entspricht. Er unterstrich seine Vorschläge mit der Zusage einer beachtlichen Spende und nannte auch den Namen des Bildhauers Klaus Ringwald, dessen künstlerischer Formensprache und Kraft er die gültige Lösung dieser großen Aufgabe vorbehaltlos zutraute.

Das Erzbischöfliche Ordinariat Freiburg, das Landesdenkmalamt und der Stiftungsrat der Münsterpfarrei mußten für ihre Zustimmung zu neuen Portalen gewonnen werden. Gegen den ursprünglichen Wunsch des Stiftungsrates, der sich für Türen mit Holzreliefs entschieden hatte, konnte der Bildhauer seine Idee von Bronzeportalen durchsetzen.

Das ikonographische Programm der Portale wurde vom Patrozinium des Münsters bestimmt: im frühen Mittelalter war Johannes der Täufer Patron des Münsters, später wurde es Münster Unserer Lieben Frau; Johannes blieb Nebenpatron. Deshalb wünschte man sich nach Westen ein Marienportal, das Doppelportal nach Süden sollte Johannes dem Täufer und Johannes dem Evangelisten gewidmet sein.

Die Abstimmung der Themen für die 22 Bildfelder wurde sorgfältig durchdacht, und es ist dem Einfluß von Prof. Dr. Alfons Deissler zu verdanken, daß nicht die Rosenkranzgeheimnisse, sondern wichtige Szenen aus dem Marienleben mit ihren alttestamentlichen Vorbildern das Hauptportal schmücken.

Der endgültige Auftrag an Klaus Ringwald wurde im Herbst 1979 vergeben. Im Frühjahr 1980 konnte der Künstler die Modelle der Portale vorstellen und die ungeteilte Zustimmung des Stiftungsrates erhalten. Rund vier Jahre dauerte dann die Arbeit im Atelier und in der Gießerei Mayr in München. Sechs Wochen lang waren die Portale anschließend im Badischen Landesmuseum in Karlsruhe ausgestellt, und am 16. Oktober 1983 hat Klaus Ringwald seine meisterhaft gelungene Arbeit der Münsterpfarrei übergeben.

Dem Münster und der Stadt Villingen ist nun ein Kunstwerk anvertraut, das auf offenem Markt jedermann zugänglich ist. Die in Bronze gegossenen Berichte der Heilstaten sprechen mit der im wechselnden Sonnenlicht leutenden Farbigkeit der Patina und der plastischen Eindringlichkeit der Figuren den Betrachter unmittelbar an. Jeder ist – fasziniert von der Schönheit der Bilder – auch zu der inhaltlichen Auseinandersetzung mit dem Dargestellten gern bereit. Somit sind die Münsterportale weit mehr als neuer Schmuck am alten Münster, sie sind eine Bilderpredigt im besten Sinne, die man nicht übersehen und auch nicht überhören kann.

Kurt Müller
Münsterpfarrer und Dekan

ALFONS DEISSLER

Zur Ikonographie der Villinger Münsterportale

Der Künstler Klaus Ringwald hat dem Werken seiner Hände vorgängig eine gewaltige Gedankenarbeit geleistet. Die großen Themen waren durch den Bau selbst vorgegeben: Maria, Johannes der Täufer, Johannes der Evangelist und Seher von Patmos. Jeder dieser Namen steht für ein »Drama« der Offenbarungs- und Heilsgeschichte. Dramen aber bestehen aus Szenen. Szenen bedürfen der Auswahl, der Auswahl auch der einschlägigen Texte, die in den Bildszenen zur Anschauung kommen sollen. Es ist eine lange und gute Reflexion vonnöten, ehe die Intuition des Künstlers ins kreative Spiel kommen kann. Sein Entwerfen kennt bis hin zum Endentwurf auch das Verwerfen und damit die erneute Beschäftigung mit der Ausgangsidee. Der vorliegende Beitrag zur »Ikono-Graphie« d. h. zur Bildbeschreibung geht auf das inhaltliche Verstehen der dargestellten Szenen und nur nebenbei auf deren künstlerische Wertung. Diese ist allerdings bei diesem großen Werk vorausgesetzt und gibt den Grundimpuls dazu ab, die beschreibende Vergegenwärtigung der Inhalte und Ideen zu versuchen.

Was bedeuten Kirchen-Portale?

Das Wort Portal kommt vom lateinischen »porta« = Pforte, Tor, Tür. Von ihrer Funktion her ermöglicht eine Tür den Zugang zu einem geschlossenen Raum und kann – durch Schließung – den Eintritt gleichzeitig verwehren. Als die Siedlungen Festungen wurden, gewann das Tor eine besondere Bedeutung: die Friedlichen konnten es durchschreiten und in die Stadt gelangen, die Feinde aber wurden ausgeschlossen durch Verschließung des Tores. So wurde es zum entscheidenden »Ort der Ortschaft«. Darum kann im Alten Testament die Stadt als »Tor« bezeichnet werden (z. B. Jerusalem als »Tor Israels« in Obd. 13; Mi. 1,9 u. a.). In den Städten gewannen dann die Tore des Tempels und des Herrscherpalastes eine analoge Bedeutung. Sie waren nicht nur architektonisch besonders hervorgehoben, sondern erhielten überhaupt eine erwählte künstlerische Gestaltung.

In Jerusalem begann die Tempelliturgie an den Tempelpforten. Bei geschlossenen Türflügeln wurden von den Pilgerführern die Einlaßbedingungen in den Tempel erfragt, und der amtierende Priester gab die Antwort, die den prophetischen Tenor hatte: Rein vor Jahwe ist, wer im reinen ist mit dem Nächsten! (vgl. die »Tor-Psalmen« 15 und 24!). Der Tempel im ganzen gewann in der theologischen Perspektive den Rang einer »Pforte des Himmels« (Gen. 28,17). Was das bedeutet, konnte Israel sich im Hören der Überlieferung vom Jakobs-Traum (Gen. 28) klar machen: das »Haus Gottes« auf Erden ist gewissermaßen die unterste Stufe einer »Treppe zum Himmel«, auf der Engel auf- und niedersteigen. Verwandt mit dieser Vorstellung ist die Entsprechung des »Tempels im Himmel« und des Tempels auf Erden und die geheimnisvolle Verbindung beider. So wird letzterer zu einem Gnadenort göttlicher Präsenz. Vom himmlischen Tempel spricht im Neuen Testament vor allem die Apokalypse des Johannes (vgl. z. B. 15,5–8). Hier findet sich auch die faszinierende Erwartung, daß das himmlische Jerusalem am Ende herniedersteige (21,2.10). Instruktiv ist vor allem 21,10 ff: «Da entrückte mich der Engel auf einen großen, hohen Berg und zeigte mir die heilige Stadt Jerusalem, wie sie von Gott her aus dem Himmel herabkam, erfüllt von der Herrlichkeit Gottes. Sie glänzte wie ein kostbarer Edelstein, wie ein kristallklarer Jaspis. Die Stadt hat eine große und hohe Mauer mit zwölf Toren und zwölf Engeln darauf.«

Die Romanik und noch mehr die Gotik des Mittelalters haben diese prophetische Schau in eine erste Erfüllung gehen sehen in ihren herrlichen Domen und Kathedralen. Deren Pforten wurden so zu Toren, in denen sich das Neue Jerusalem auftut. Man gestaltete sie künstlerisch gleichsam zu »Herolden des Heiligtums« aus. Als solche kündigen sie an und geben Geleit. Diese Aufgabe sollen auch die Villinger Münsterportale neu d. h. für unsere Zeit übernehmen. Ihre Verkündigung hat der Künstler in eine bildhafte Sprache gebracht, die auch noch künftige Generationen verstehen können. Sie ist »ansprechend« in der ganzen Sinnfülle dieses Wortes.

I. Das Hauptportal – ein Marienportal

Das Villinger Münster ist ein Marien-Münster. Jede katholische Kirche ist von Haus aus natürlich zuerst ein »Haus des Herrn«; denn hier versammelt sich die Gemeinde Jesu Christi, um in der Eucharistiefeier Gottes Wort und das Christusereignis (Menschwerdung, Lehren, Leiden, Sterben, Auferweckung und Erhöhung) als gegenwärtig und heilbringend zu erfahren. Doch hat man schon in der Alten Kirche damit begonnen, die Kultgebäude der Schutzherrschaft (= Patronat) des Martyrers zu unterstellen, der hier jeweils seine Begräbnisstätte gefunden hatte bzw. dessen Reliquien man verehrte. Später konnten grundsätzlich alle Heiligen Kirchenpatron werden. Im hohen Mittelalter wurde für bedeutende Kirchen und Dome gern das Marien-Patronat gewählt, im deutschen Sprachraum zum guten Teil unter dem Titel «Kirche unserer lieben Frau«.

Die katholische Tradition blieb intensiv immer dessen eingedenk, daß der Heiland der Welt durch Maria als einer gleichsam »lebendigen Pforte« diese Erde betrat. Durch ihr »Ja«-Wort ist Maria die Mutter Jesu geworden. Dieses ihr »Ja« zum Heil der Welt hat ihr Leben geprägt und damit ihre Existenz auf Ewigkeit hin. So konnte die Mütterlichkeit Gottes (vgl. Jes. 49,15; 66,13) nicht nur in Jesus dem Christus (vgl. Mt. 23,37), sondern auch in der erbarmenden Liebe Mariens eine besonders wirksame Gestalt gewinnen. Ihrer Fürbitte sich unterstellen, führt zu einem Stehen und Bleiben in Gottes und Jesu Christi Geborgenheit. Diese Verheißung spricht sich schon vor dem Eintritt dem Besucher des Villinger Münsters an der jetzigen künstlerischen Ausgestaltung des romanischen Hauptportals zu.

Das Thema »Maria« mag vielen als ein typisch neutestamentliches erscheinen. Es gibt aber fast keine nur dem Neuen Testament vorbehaltenen Themen der Gottesoffenbarung. Dies hat das Mittelalter noch gewußt und darum die Bilderzyklen in den großen Kathedralen in zwei einander entsprechenden Bändern, einem alttestamentlichen und einem neutestamentlichen, dargestellt. Schauend haben die Gläubigen – zumeist Analphabeten! – dadurch eine eindrucksame Vorstellung von der Geschichte als einer Heilsgeschichte gewonnen. Diese Tradition hat der Künstler in Villingen wieder aufgenommen. Dadurch ist es ihm gelungen, den vorgegebenen klassischen Portalbogen zum Symbol zu machen für den »einen Bogen des Bundes«, der Altes und Neues Testament zusammenschließt. Die sich je gegenüberstehenden Bilder werden dadurch noch einmal eng zusammengefügt. Der Weg der Betrachtung geht dabei – auch das ist sinnträchtig – von unten nach oben, innerhalb dieser Linie von links nach rechts.

1. Der gottgeschenkte Sohn

Die Verheißung Isaaks

Das 18. Kapitel des Buches Genesis erzählt von einer geheimnisvollen Begebenheit: Abraham, nach Römer- und Galaterbrief auch für uns »der Vater der Gläubigen« und »das Modell des Glaubens«, hat bei den Eichen von Mamre eine Gotteserscheinung. Er bewirtet in hingebender Gastfreundschaft drei himmlische Wesen und empfängt von Jahwe, der durch die drei spricht, die Verheißung: »Übers Jahr komme ich wieder zu dir, dann wird deine Frau Sara einen Sohn haben!« (18,10). Sara hört hinter der Zeltwand zu und lacht ungläubig. Denn das Ehepaar steht schon im Herbst des Lebens. Abraham aber glaubt der Gottesstimme – und darf ein Jahr später die Geburt Isaaks erleben (Gen. 21). Durch eine Sondertat Gottes wird das menschlich Unwahrscheinliche möglich.

Die Verheißung der Geburt Jesu

In Lk. 1,26–38 wird erzählt, daß der Engel Gabriel in Nazareth der Jungfrau Maria erschien und ihr verkündete: »Du wirst ein Kind empfangen, einen Sohn wirst du gebären; dem sollst du den Namen Jesus geben. Er wird groß sein und Sohn des Höchsten genannt werden!« (1,31). Die noch nicht in ehelicher Gemeinschaft Lebende erfährt auf ihren Einwand hin: »Der Heilige Geist wird über dich kommen, und die Kraft des Allerhöchsten wird dich überschatten. Darum wird auch das Kind heilig und Sohn Gottes genannt werden ... Für Gott ist nichts unmöglich« (1,35 f). Nun läßt Maria des Verheißungswort in ihr gläubiges Herz hinein mit dem denkwürdigen, ihre Wesensverfassung kennzeichnenden Ausspruch: »Ich bin die Magd des Herrn; mir geschehe, wie du gesagt hast« (1,38).

Die Parallelität beider Szenen sticht unschwer ins Auge, freilich ebenso die Überbietung des neutestamentlichen Geschehnisses gegenüber dem alttestamentlichen Ereignis.

2. Der Lobpreis der Gottestat

Das Loblied der Hanna: 1 Sam. 2,1–11

Hanna, die Mutter Samuels, den wir als letzten Richter vor den Königen Saul und David kennen (um 1050 v. Chr.), war lange unfruchtbar gewesen. Sie nahm bei der jährlichen Wallfahrt nach dem Bundeslade-Heiligtum Schilo ihre Zuflucht zu Jahwe und gelobte, den Sohn, den ihr Gott schenken würde, ganz seinem Dienste zu weihen (1 Sam. 1,11). Sie, die von ihrer Konkurrentin, der anderen, der fruchtbaren Frau ihres Mannes so lange Verachtete und Verspottete, wurde endlich erhört und konnte nach der Entwöhnung ihren kleinen Sohn Samuel dem Priester Eli von Schilo übergeben. Ihr Lied ist nicht nur ein persönliches Dankgebet, sondern zugleich ein Lobpreis auf das allgemeine Heilswalten Gottes im und am Gottesvolk. So kann sie aus einem »Herzen voller Freude« (2,1) singen: »Jahwe erniedrigt und erhöht, er hebt auf den Dürftigen aus dem Staub und erhöht den Armen aus dem Kot, daß er ihn setze unter die Fürsten« (2,8). Die Bildszene verweist eindringlich auf dieses alle irdischen Maße »umstürzende« göttliche Eingreifen.

Das Magnificat Mariens: Lk. 1,46–55

Diese Bildszene trägt in der Tradition den Titel »Mariä Heimsuchung«. Gemeint ist die Perikope, in der Maria, die jetzt in Hoffnung ist, ihre Base Elisabeth, die Mutter Johannes des Täufers, in deren Haus im Bergland von Judäa aufsucht. Als beide schwangere Frauen sich umarmend begrüßen, da hüpft das Kind im Schoße Elisabeths freudig auf, und sie sagt zu Maria: »Selig ist die, welche geglaubt hat, daß sich erfüllt, was der Herr ihr sagen ließ!« (1,45). Maria antwortet Elisabeth mit dem Gesang des Magnificat. Dieses Lied lehnt sich in seinem Tenor an das Lied der Hanna an und besingt die bundgerechten und bundestreuen Taten Gottes, wie sie Maria selbst erfuhr, indem »Gott auf die Niedrigkeit seiner Magd geschaut hat« (1,48).

3. Der Messias erscheint wie ein heller Stern

Die Schau des Sehers Bileam

In Num. 22–24 wird aus der Frühzeit Israels erzählt, daß Balak, der König von Moab, einen berühmten mesopotamischen Magier und Seher namens Bileam kommen ließ. Er sollte das anrückende Israel mit seinem wirksamen Fluch belegen. Doch Bileam wird schon unterwegs vom »Engel Jahwes« über Gottes Heilsplan mit Israel unterrichtet und sagt dabei zu, statt der Flüche Segensworte über Israel zu sprechen. Dies führt er trotz des Einspruchs Balaks auch aus. Sein letzter Orakelspruch lautet: »Spruch dessen, der Gottes Worte hört, der die Gedanken des Höchsten kennt, der eine Vision des Allmächtigen sieht, der daliegt mit entschleierten Augen: ich sehe ihn, aber nicht jetzt, ich erblicke ihn, aber nicht in der Nähe: Ein Stern geht auf aus Jakob, ein Zepter erhebt sich in Israel« (24,16 f). Diese Szene – es ist die Ankündigung des Messias – hat der Künstler eingefangen und so gestaltet, daß der »Stern aus Jakob« mit seiner Lichtaura hinüberweist und hinüberleuchtet ins neutestamentliche Feld, also gleichsam zum »Stern von Betlehem« wird.

Die Geburt des Messias

Die Szene erinnert an ein Krippenbild, freilich an ein Krippenbild eigener Art. Gemäß Jes. 1,3 (»Der Ochse kennt seinen Besitzer und der Esel die Krippe seines Herrn«) fehlen auch hier Ochs und Esel nicht. Aber Maria ist nicht nur als Liegende dargestellt, sondern in der deutlich herausgearbeiteten Gebärhaltung aller menschlichen Mütter, wie das der biblische Text nahelegt: »Es kam für Maria die Zeit ihrer Niederkunft und sie gebar ihren Sohn, ihren Erstgeborenen. Sie wickelte ihn in Windeln und legte ihn in eine Krippe, weil in der Herberge kein Platz für sie war« (Lk. 2,6f). Maria erscheint zugleich wie eine Ausgelieferte, aber nicht eine an Menschen Ausgelieferte – Josef ist ihr Schutz und Wehr! –, sondern als eine sich ganz und ohne Vorbehalt dem Willen Gottes Ausliefernde, um welche die Aura der Freiheit und Freude aufschimmert.

4. Die Rettung aus Ägypten – die Rettung in Ägypten

Die Rettung am Schilfmeer

Die Rettungstat Jahwes am Schilfmeer (vgl. Ex. 13 und 14) gehört zum Kern des Credos Israels. In jeder großen Festversammlung ereignet sich durch die Verkündigung des amtierenden Priesters die Selbstvorstellung Jahwes als des Rettergottes: »Ich bin Jahwe, dein Gott, der ich dich aus Ägypten, dem Sklavenhaus, herausgeführt habe« (Eröffnung des Dekalogs!). Daß die Moseschar – sie ist das »qualitative Israel«! – in der Stunde, als ihre Existenz auf der Waagschale von Leben oder Tod lag, aus den Klauen des Imperiums Ägypten heil hervorging, hat Israel dem sichtlichen Eingreifen des Bundesgottes zu verdanken. Unsere Szene zeigt, wie die Wogen des Meeres, von einem »Gottessturm« getrieben, eine Furt freigeben, durch welche Israel, an seiner Spitze der stabschwingende Mose, in die Freiheit entkommt, während der Wogenschwall die Ägypter unter sich begräbt. Am Ufer steht Mirjam und singt das Siegeslied: »Ich singe Jahwe ein Lied; denn er ist hoch und erhaben, Rosse und Wagen warf er ins Meer« (Ex. 15,1).

Die Flucht nach Ägypten – die Rettung des Messiaskindes vor Herodes (Mt. 2,13–15)

Es erfüllt sich in dieser Szene das Wort von Joh. 1,11: »Er kam in seine Heimat, doch die Seinen nahmen ihn nicht auf.« Der Morddrohung des Herodes kann die heilige Familie nur durch die schleunige Flucht in das Land der Pyramiden entrinnen. Ägypten ist jetzt nicht mehr Sklavenhaus, sondern »das Haus der Rettung«, wie es dies einst für die Jakobgruppe war (Gen. 46 und 47). Aber es ist und bleibt auch die Fremde, die Herberge nur auf Zeit. Beim Tod des Herodes ziehen Josef, Maria und Jesus wieder nach der Heimat. So kann der Evangelist das Prophetenwort Hos. 11,1 beschwören: »Aus Ägypten rief ich meinen Sohn« (Mt. 2,15).

5. Debora und Maria

Debora, »die Mutter in Israel« (Ri. 5,7)

Nach der Landnahme (um 1200 v. Chr.) kam Israel in eine große Krise. Die Kanaanäer vereinigten endlich ihre Kräfte und holten zum großen Gegenschlag aus. Ihre Bewaffnung ist der Israels weit überlegen. Debora, die damals (eine Frau!) Richterin im Stamme Efraim war und »unter der Debora-Palme zwischen Rama und Bet-El« Recht sprach, ergriff angesichts der Mutlosigkeit der Männer Israels die Initiative zur endgültigen Sicherung der Landnahme. Sie berief den Naftaliter Barak zum Heerführer der Nordstämme und sagte ihm prophetisch den Sieg über das Kriegsheer der Kanaanäer zu: »Auf, Barak! Denn das ist der Tag, an dem der Herr den Sisera (= Heerführer der Kanaanäer) in deine Gewalt gegeben hat!« (Ri. 4,14). Das Unerwartete trat ein: der Sieg Israels. Im Siegeslied Deboras und Baraks (Ri. 5) heißt es: »Bewohner des offenen Landes gab es nicht mehr... bis du dich erhobst, Mutter in Israel« (5,7).

Maria bei der Hochzeit zu Kana (Joh. 2,1–12)

In dieser Szene ergreift Maria mütterlich für die Hochzeitsfamilie, die durch Weinmangel drauf und dran war, ihre Ehre zu verlieren, Partei. Doch Jesu Stunde ist in diesem Augenblick »noch nicht gekommen«. Maria aber vertraut, daß sie noch kommen wird und sagt den Dienern: »Was er euch sagt, das tut!« (2,5). Dieses mütterliche Vertrauen erwidert Jesus mit dem Weinwunder. Hier erweist sich Maria zunächst im Bereich einer Großfamilie als »Mutter in Israel«. Darin kündet sich Größeres an: »Maria wird im Reiche ihres Sohnes zur »Mutter im Gottesvolk«.

6. Eva und Maria

Eva, »die Mutter aller Lebendigen« (Gen. 3,20)

Der Apostel Paulus hat Jesus Christus in eine enge Parallele gesetzt zum »ersten Adam« (Röm. 5,14 und

1. Kor. 15,45). Die Kirchenväter haben diese Sicht erweitert und verlängert auf Eva und Maria hin. Mit dieser Thematik erreicht das Marien-Portal seine Krönung.

In der Bildszene steht Eva noch da im Glanz der schönen Schöpfung. Noch kann sie dem Löwen die Mähne kraulen. Doch schon sagt ihr die Schlange Betörendes ins Ohr, bis ihre Hand auszugreifen beginnt nach der verbotenen Frucht vom Baum der Erkenntnis. Damit aber greift die »Mutter des Lebens« oder »Mutter aller Lebendigen« nach dem Sold der Sünde, d. h. nach dem Tode und ruft ihn dadurch als bedrückendes Geschick in die Menschenwelt hinein. Und dennoch wird sie – durch Gottes Erbarmen – nicht einfach »Mutter des Todes«. Sie darf in der biblischen Szene noch das Gotteswort an die Schlange vernehmen: »Feindschaft setze ich zwischen dich und die Frau, zwischen deinen Nachwuchs und ihren Nachwuchs: Er trifft dich am Kopf und du triffst ihn an der Ferse!« (Gen. 3,15). Das ist der Brückentext zum neutestamentlichen Feld.

Maria unter dem Kreuze (Joh. 19,25)

Dem »Baum der Erkenntnis« steht der »Kreuzbaum« gegenüber. Er ist der Baum des Lebens geworden, weil an ihm Jesus, der Mensch der Menschen, das totale Ja gesprochen hat zum Vatergott (Symbol dafür: der senkrechte Balken) und zu all seinen menschlichen Brüdern und Schwestern. (Symbol dafür: der waagrechte Balken). So »löst« der sterbende Jesus die Menschheit von ihrem »Nein« zu Gott und den Mitmenschen, ist also ihr »Erlöser«. Maria, seine Mutter, ist bei diesem gewichtigsten Ereignis der Menschheitsgeschichte zugegen. Sie ist zwar keineswegs »Miterlöserin«, aber größer als ihr mütterlicher Schmerz ist ihre mächtige Fürbitte: »Laß dein Blut und deine Pein an keinem Menschen verloren sein!« In dieser Sicht kann sie den Titel »zweite Eva« erhalten und als »Mutter des Lebens« wirken.

Das südliche Doppelportal

Süd-Portale spielten im mittelalterlichen Kirchenbau eine große Rolle. Darum wurde es jetzt auch in Villingen neu und kostbar gestaltet. Die steinernen Bogenreliefs zeigen in den Lämmern an, daß die beiden Eingänge unter dem Schutz Johannes des Täufers und des Evangelisten Johannes, des Sehers auf Patmos, stehen.

I. Das Portal Johannes des Täufers

In fünf, der Bibel entnommenen Szenen wird der große Vorläufer Jesu uns vergegenwärtigt.

1. Der Rufer in der Wüste

Johannes hat sich aus der Welt, die »Babylon« d. h. die Stadt der Selbstverherrlichung und der menschlichen Verwirrung geworden ist, in die Wüste zurückgezogen. Der Künstler will die Verwirrungen unserer Zeit festhalten im Hinweis auf die Bausünden, die Zerstörung der Landschaft und der Umwelt, das Sterben der Tiere und der Menschen. Johannes tritt als »Rufer in der Wüste« (vgl. Mk. 1,3) gegen alle Gottlosigkeit der Menschenwelt auf durch seine Predigt, deren Tenor lautet: »Denket um, kehret um!«

2. Johannes tauft Jesus am Jordan

Nach Joh. 1,29 hat Johannes den herankommenden Jesus so gekennzeichnet: »Seht, das Lamm Gottes, das die Sünde der Welt hinwegnimmt!« Darauf weist das Lamm im Torbogen hin. Die Szene selbst speist sich aus der Tauf-Erzählung in Mk. 1,9–11; Mt. 3,13–17; Lk. 3,21 f. Johannes ist dabei der nur scheinbar Größere. Mt. 3,11 bekennt er: »Ich taufe euch nur mit Wasser zum Zeichen der Umkehr. Der aber, der nach mir kommt, ist stärker als ich, und ich bin es nicht wert, ihm die Schuhe auszuziehen« (vgl. Joh. 1,27).

3. Johannes im Gefängnis

Johannes hatte den Mut, den ehebrecherischen Lebenswandel des Königs Herodes Antipas und der Herodias anzuprangern. Dafür mußte er mit schwerer Kerkerhaft büßen (in der Festung Machärus). So wird er zum Repräsentanten der allzuvielen in der Menschheitsgeschichte bis heute, die ohne Schuld von den Mächtigen eingekerkert wurden und werden. Ihnen gilt die Gebets-Inschrift: »Es dringt zu dir, Jahwe, der Gefangenen Stöhnen, die dem Tod geweiht sind, erlöse sie!« (vgl. Ps. 102,21).

4. Der Tanz der Salome vor Herodes

Herodes ist dargestellt als ein Mann, dessen »Gott der Bauch ist« (Phil. 3,19). Er ist ganz fixiert auf die tanzende, mit ihren Reizen nicht geizende Salome, die Tochter der Herodias (Mk. 6,22 f). Im genießenden Entzücken verspricht er der Tänzerin, zu erfüllen, was sie auch wünsche. Dieses Versprechen ist fatal. Denn auf Anstiften der Mutter fordert Salome – der Name bedeutet die »Friedvolle«! – das Haupt des Johannes.

5. Die Enthauptung des Johannes

Der von Herodes geschickte Scherge vollzieht mit roher Gewalt die Hinrichtung des gefesselten Gefangenen. Herodias und Salome – zusammen mit Teilnehmern an der vorausgegangenen Orgie – warten mit der Schüssel schon auf das Haupt des mahnenden Bußpredigers. So endet in scheinbar höchster Schmach sein Leben. Doch er ist ein Blutzeuge des Gottesreiches. Ihm gilt die große Offenbarung Jesu: »Gott ist nicht ein Gott der Toten, sondern ein Gott der Lebendigen« (Mk. 12,27).

II. Das Portal des Evangelisten Johannes

Da in der Überlieferung Johannes der Evangelist auch als Autor der »Offenbarung des Johannes« galt, zeigt das Lamm im Tympanon, welches das »Buch der sieben Siegel« öffnet (vgl. Offb. 5,7–9), auf den Evangelisten hin und begründet dessen Patronat für diesen Eingang. Die entsprechenden Biblischen Szenen für das Portal legen sich von selbst nahe.

1. Die Berufung des Evangelisten Johannes

In Mk. 1,19 heißt es: »Als Jesus ein Stück weiterging, sah er Jakobus, den Sohn des Zebedäus und seinen Bruder Johannes; sie waren im Boot und richteten ihre Netze her. Sofort rief er sie, und sie ließen ihren Vater Zebedäus mit seinen Tagelöhnern im Boot zurück und folgten Jesus nach.« Der Künstler hat sich die ihm zustehende Freiheit genommen und läßt darum Johannes als ersten auf den rufenden Herrn zuspringen, während sein Bruder mit dem Vater noch im Boote sitzt. Johannes ist hier von Anfang schon der Jünger, der Jesus in einer besonderen Herzensfreundschaft verbunden ist.

2. Das letzte Abendmahl

Johannes ist beim Abschiedsmahl der Jesus zunächst Sitzende und mit ihm Redende (vgl. Joh. 13,23–26; 21,20). Er hat offensichtlich den Sinn des Abschiedsmahles Jesu am meisten begriffen. Das hat er als Evangelist in der Erzählung der Fußwaschung (13,1–20) eindrucksam bezeugt. Er ist darum auch der »Apostel der Liebe« geworden (vgl. den 1. Johannesbrief). Aus der Runde des Mahls hat sich einer bereits abgesondert, Judas Ischariot. Um 30 Silberlinge (vgl. Mt. 26,15; 27,3) übt er Verrat an Jesus, der ihn wie die anderen Jünger geliebt hat. Die »Silberlinge« sind auch die »bösen Geister« unserer Epoche. Der »Mammon« (vgl. Mt. 6,24) ist der Abgott, der alle Generationen in Versuchung führt – und dies mit großem Erfolg.

3. Johannes und Petrus am leeren Grab

Beim Evangelisten Johannes ist Maria Magdalena die erste Zeugin und Sendbotin von der Auferstehung des Herrn (Joh. 20,2.18). Erst daraufhin laufen Petrus und Johannes zum leeren Grabe. Johannes ist schneller. Er schaut als erster in die Grabstätte und kann dem heranstürzenden Petrus die Leere des Grabes ankünden und damit die Auferweckung Jesu. Hinter den leeren Kreuzen geht derweil die Ostersonne auf.

4. Johannes und Petrus vor dem Hohen Rat

In Apostelg. 4,1 ff wird erzählt, wie die beiden Apostel, die vorher am Tempel gepredigt und einen Gelähmten geheilt haben, vor den Hohen Rat gebracht werden. Dieser kommt in taktischer Überlegung zum Schluß, nicht zu bestrafen, sondern nur zu verwarnen: »Sie verboten ihnen, jeweils wieder im Namen Jesu zu predigen und zu lehren« (4,18). Die Apostel aber bekennen dem Hohen Rat ins Angesicht: »Wir können unmöglich schweigen über das, was wir gesehen und gehört haben« (4,20). Johannes spricht dabei mit Petrus den geschichtemachenden Grundsatz aus, daß man Gott mehr gehorchen müsse als den Menschen. Die Inschrift am Richtertisch ruft allen Gremien, die über Menschen zu richten haben, das Jesus-Wort in Erinnerung: »Wenn eure Gerechtigkeit nicht größer sein wird als die der Schriftgelehrten und Pharisäer, werdet ihr nicht hineinkommen in das Himmelreich« (Mt. 5,20).

5. Der Seher auf Patmos

In Offb. 1,9 hören wir: »Ich, euer Bruder Johannes, der wie ihr bedrängt ist, der mit euch an der Königsherrschaft teilhat und mit euch in Jesus standhaft ausharrt, ich war auf der Insel Patmos um des Wortes Gottes willen (= verbannt!) und des Zeugnisses für Jesus.« Die zerbrochenen Säulen auf der Bildszene zeigen die scheinbare Gebrochenheit des Lebens von Johannes an. Doch da sind schon die Wogen des Geistes über ihn gekommen: sie ziehen ihn hoch und in sich hinein. So wird er zum prophetischen Seher, der in göttlichem Auftrag das Neue Testament abschließt mit einem großen Trost- und Mahnbuch an die Kirche. Dessen gewaltige Schlußvision (Kap. 21) vergegenwärtigt Gottes endzeitliches Wohnen unter den Menschen in einem »Neuen Jerusalem«.

Wer durch die neuen Bronzeportale das Villinger Marienmünster (ursprünglich Johannes dem Täufer geweiht!) betritt, erfährt einen Vorschein der verheißenen »Ewigen Stadt«. Auch zu ihm »sprechen Geist und Braut: Komm!« (Offb. 22,17).

HERBERT SCHADE

Ein Bildhauer entdeckt die Bibel in uns

ZU DEN BRONZERELIEFS VON KLAUS RINGWALD AN DEN PORTALEN DES MÜNSTERS VON VILLINGEN

Kirche ist – nach Ausweis der Bibel – gebaute Welt. So sprach Gott schon zu Mose über den Bau des Heiligtums: »Gib wohl acht, daß du alles nach dem Bild anfertigst, das ich dir auf dem Berg gezeigt habe« (Exod. 25, 40; Hebr. 8, 5; Apostelg. 7, 44–50). Und in der Geheimen Offenbarung lesen wir: »Und ich sah die heilige Stadt, das Neue Jerusalem, aus dem Himmel von Gott herabsteigen, geschmückt wie eine Braut« (Apok. 21, 2). Nach Philo von Alexandrien, dem großen jüdischen Exegeten des 1. Jhs. n. Chr., bietet die »Verfassung des Weltalls« das Grundgesetz für den Tempel und die Gesellschaft[1]. Für die mittelalterliche Geistesgeschichte erklärt Wolfram von den Steinen den Sachverhalt: »Ecclesia, die Kirche: das war im alten Sinne nicht der Stand der Priester, nicht eine Organisation der Gläubigen oder eine Anstalt mit benennbaren Zwecken. Ecclesia war die Christenheit, die Christenheit aber war das pochende Herz des sichtbaren Alls«[2].

Diese geheimnisvolle Welt des Himmels, in der das Lamm von der Lichtlanze, der Sonne, durchbohrt wird und die Heerscharen des Gottes Sabaoth ihre Liturgie vollziehen, ist uns kaum noch bekannt. Der moderne Künstler muß diese biblische Vorstellungswelt gleichsam über Umwege erreichen, nämlich über die geprägte Form der traditionellen Ikonographie und über die eigene Erfahrung oder sein Selbst, in dem sich die Grundordnung des Kosmos widerspiegelt. Biblische Tradition, die Frohbotschaft des Evangeliums, ist nämlich nicht nur ein Vergangenes, ein historisches Artefakt, sondern reine Gegenwart. So schreibt der Kardinal Jean Danielou bei der Erklärung des Wortes Christi zum Schächer am Kreuz: »Heute noch wirst du mit mir im Paradiese sein« (Lk. 23, 43): »Es ist dieses ›Heute‹, das das Wesen des Christentums ausmacht« (»C'est cet aujourd'hui qui est l'éssence du christianisme«[3]. Es gibt deshalb im Christentum und damit auch in der christlichen Kunst keine Alternative, kein Entweder-Oder von Tradition und Gegenwart, wie die zeitgenössische Diskussion über diese Kunst glauben macht. Das Wort der Frohen Botschaft selbst ist nach Auffassung der Bibel als »Ewiges Evangelium« (Apok. 14, 6) in die Welt eingeprägt, und die »Himmel erzählen die Ehre Gottes ... « (Ps. 18, 1). Das in die Schöpfung eingeprägte Bild einer natürlichen Offenbarung wird durch die übernatürliche Offenbarung in Christus vorausgesetzt und bestätigt. Aufgabe des Künstlers, dieses Repräsentanten einer Monumentalexegese, ist es, die reine Gegenwart des Wortes der Überlieferung, der Bildwelt über uns und der Bildwelt in uns, zu sehen und ihm Gestalt zu verleihen. Tatsächlich hat der Betrachter der Portalreliefs des Münsters von Villingen den Eindruck, daß in den Kunstwerken diese Vereinigung von Geschichte und Gegenwart, die Hochzeit zwischen dem Geist der Biblischen Botschaft und unserer Zeit vollzogen ist. Oder, um es mit einem Wort von Carlo Schmid, dem Freund des Künstlers, zu formulieren: »Das ist das erstaunliche an diesen deinen Sachen, daß sie nicht modischem Denken, modischem Erregt- und Bewegtsein entsprungen sind. Daß sie ganz und gar Tradition sind und ganz und gar persönliche Gegenwart deiner selbst sind.«

Wie gelingt es dem Künstler diese Gegensätze zu vereinigen? Und wie unterscheiden sich die mittelalterlichen Bronzetüren von den Portalen in Villingen?

Eine flüchtige Betrachtung könnte nämlich den Eindruck erwecken, daß von Ringwald nur die mittelalterlichen Bronzeportale modisch variiert werden.

Verona, San Zeno. Tanz der Salome

I. Der Tanz der Salome in den Bronzereliefs von S. Zeno in Verona und im Portal des Münsters von Villingen

Ein Vergleich der tanzenden Salome der frühmittelalterlichen Bronzetür in S. Zeno in Verona mit der selben Szene der biblischen Tänzerin in der Relieftafel von Klaus Ringwald macht in eindrucksvoller Weise den Unterschied zwischen dem historischen Bronzewerk und der modernen Kunst sinnenfällig.

In der Portaltafel des Tanzes der Salome in S. Zeno sitzen drei Figuren hinter einem Tisch frontal vor uns. Die mittlere Figur, der König Herodes, ist stattlicher gegeben und durch einen Kronreif hervorgehoben. Drei Arkaden markieren den Raum des Gastmahls. Die Gestalten selbst sind von bemerkenswerter Einfachheit und Urtümlichkeit oder Primitivität. Vor dem Tisch, vorn an der Rahmenleiste, tanzt Salome, die Tochter der Herodias. Vielleicht muß man sagen: Diese Frau windet sich in unbegreiflicher Bewegung zu einem nahezu vollkommenen Kreis. Der mittelalterliche Betrachter hat sich beim Anblick dieser tanzenden Figur unwillkürlich an die weibliche Schlange im Paradies erinnert, die sich in Ringen um den Baum der Erkenntnis windet. Mehr noch muß man an die kosmische Schlange des alten Weltmodells denken, die sich dreht und in den Schwanz beißt. Frau und Tanz werden in diesem Bronzerelief nicht so sehr erotisch gedeutet, sondern als Inbegriff von Zeit und Vergänglichkeit aufgefaßt. So werden der Bogen mit den Arkaden und die Bogenform der thronenden Gestalten noch durch eine Frau, die tiefer gesetzt von links mit dem abgeschlagenen Kopf des Johannes zum Tisch tritt, und eine zweite Frau, die gleichfalls tiefer gestellt nach rechts mit dem Kopf wieder weggeht, weiter verstärkt. Durch diese Betonung des Bogens wird der Kreistanz der Salome zugleich zum kosmischen Symbol und zum Sinnbild des Kommens und Gehens der Macht. So wie der König Herodes den Kopf des mahnenden Propheten abschlagen läßt und der Kopf dann wieder weggetragen wird, so wird auch für ihn der Tag kommen, an dem ihn das Rad der Vergänglichkeit erfaßt und zu Boden wirft. Es ist also das Rad der Fortuna, das neben der Schlange im Paradies und der kosmischen Schlange des Weltmodells hier zum Inbegriff einer Szene des Evangeliums wird.

Anders entwirft Klaus Ringwald die Komposition des biblischen Vorgangs. Während der mittelalterliche Künstler den kosmischen Kreistanz zur Grundlage seines Werkes macht, baut der moderne Bildhauer seine Komposition auf Gegensätzen vor allem psychischer Art, auf. Links sitzt Herodes, rechts steht hoch aufgerichtet Salome. Links scheint alles in Ruhe, rechts herrscht Bewegung. Der König ist feist, die Tänzerin rechts wirkt schlank und geschmeidig. Der Mann links glotzt und die Frau rechts bietet sich seinen Blicken dar und läßt sich anschauen. Es ist eine private und intime Szene zwischen zwei Menschen. Herodes applaudiert, ja er betet Salome geradezu an. Dagegen schildert das Relief von S. Zeno den Tanz vor dem König und seinem Hof als Vorgang, der allgemeine Gültigkeit beansprucht.

An den Figuren kann man die Formgesetzlichkeit oder den Stil dieser Bildhauerkunst besonders studieren. Die Salome Ringwalds ist als Plastik durch das Aktstudium einer zeitgenössischen Akademie geprägt. Die Darstellung der Muskulatur und des Organismus wird völlig beherrscht. Der Kanon von Stütze und Last, die Norm des Klassischen, ist dem Künstler bekannt. Die Ausdruckskraft von Gesicht und Gestalt bezeugen die Möglichkeit expressionistischen Schaffens. Als Tänzerin ist die Salome eine moderne Frau, die in einem zeitgenössischen Ballett auftreten könnte. Es könnte sich sogar – wie bei anderen Plastiken dieser Türen – um eine bestimmte Persönlichkeit der Bühne handeln, so individuell wird die Figur dargestellt. Vital und wendig, ist die Frau sich der Wirkung ihrer Bewegungen wohl bewußt.

Dann aber werden im Bildwerk überpersönliche Kräfte spürbar. Die Haare und die Gewandfalten sind ornamentiert. Die Gestalt erscheint wie in ein flackerndes Licht getaucht. Überlängt und outriert tanzt sie ihre Figuren. Die Verschränkung der Arme und die Überkreuzung der Beine typisiert die Bewegung. Ein fremder Rhythmus beginnt Salome zu beherrschen. Sie hat keinen Boden unter sich und besitzt keinen Raum. Zeitlos, der Schau verfallen, gehört sie dem Augenblick. Die Tänzerin ist für uns zur Frage geworden und windet sich wie dieser Frage Zeichen vor der polierten Fläche: »Zuschauen und Sich-zur-Schaustellen – ist das die ganze Welt?«

Das gleiche Thema nimmt der seltsame König Herodes des Bildhauers auf. Während die Tänzerin – die Lust seiner Augen – nur von einem schmalen Vorhang verhüllt im Leeren schwebt, hockt er auf Treppen und Kissen unter einer von Säulen gehaltenen Arkadenkulisse. Er sitzt mit breitem Rücken und starrt Salome an. So hat vor einigen Jahren der koreanische Pop-Artist Naum June Paik in einer Kölner Ausstellung vor die Sitzstatue eines Buddhas einen Video-Rekorder gestellt, in dem das alte Bildwerk sich unaufhörlich anschaute. Vor dem Herodes von Ringwald bemerken wir Früchte, Kelche und eine Kanne mit Wein. Es sind Reliefs auf einem in die Fläche gebreiteten Teppich, – unwirklich, irreal wie der Raum selbst – Sinnzeichen eines sinnlosen Wohlstands. Essen, trinken und lüstern starren – so ist dieser Herodes, die Leitfigur des Konsumzeitalters, dick geworden und feist.

Aus zwei Gegensätzen also baut der Künstler Klaus Ringwald die biblische Szene auf: Herodes und Salome, der König und die Tänzerin. In ihrem todbringenden Anschauen und Angeschautwerden repräsentieren die beiden Figuren das zeitlose Programm einer dem Ephemeren verfallenen Zeit. Es sind Persönlichkeiten und Individuen, die im großen Rhythmus einer gewalttätigen Epoche ihre geistige Person zu verlieren beginnen. Während die frühmittelalterlichen Bronzefiguren von S. Zeno den Grund repräsentieren und die kosmische Ordnung sichtbar machen, behalten die Gestalten Ringwalds immer noch die Ausdruckskraft natürlicher Form und deren Wohllaut; aber sie werden von einer übergreifenden profanen Ordnung in den Dienst genommen und erscheinen zugleich wie Rollenspieler saecularer Gewalten. Diesem Vorgang entspricht das programmatische Gefüge der Türen.

II. Zur Komposition der Türen und Tafeln

Man merkt es der Bildwelt dieser Portale an, daß zu ihrer Entstehung nicht nur der Künstler mit seinen Einfällen und seiner gestalterischen Kraft beigetragen hat. Hier haben ein Pfarrherr, exegetische Fachgelehrte und Freunde mit dem Künstler zusammengearbeitet, um einem Ganzen Gestalt zu geben.

Derartige Gemeinschaftsarbeiten haben auch den alten Kunstwerken zu ihrer Kraft und Bedeutung verholfen. Schon das literarische Programm mit seinen biblischen Texten vermag uns zu treffen. So vermittelt etwa der ikonographische Beitrag Einblicke in eine neue, unserer Zeit entsprechende Typologie, das heißt, in die heilsgeschichtliche Verflechtung von Altem und Neuem Testament und öffnet unsere Augen für die Geheimnisse der Bibel.

Der Künstler muß darüber hinaus Kompositionsformen erfinden, die diese Beziehungen der Heilsgeschichte sichtbar machen. So baut Ringwald seine Tafeln aus drei Kompositionselementen auf: dem Schriftblock, den Andeutungen einer Hintergrundslandschaft oder Hintergrundarchitektur und den plastischen Gruppen oder Einzelgestalten, die das Wesen des biblischen Berichts in besonderer Weise anschaulich machen.

Leicht verständlich ist in den Kompositionen der Schriftblock. Aus großen Buchstaben, ähnlich der Kapitalis Quadrata, der klassischen Schriftform der Römer, gebildet, gibt dieses Satzgefüge als Ordnungselement und als Darstellung eines ablesbaren Sinnes einen Schlüssel zur Deutung des Bildes. So lesen wir in der schon beschriebenen Szene des Tanzes der Salome hinter dem König Herodes:
SÜSSIGKEIT IST SEIN GAUMEN SEINE GANZE PERSON LAUTER LUST. WENDE DEINE AUGEN VON MIR DENN SIE SIND ES DIE MICH VERWIRREN.

Demgegenüber wird der Hintergrund aus Andeutungen gebildet: Architekturhinweise wie Kulissen, fahrige Geländeprofilierungen, ornamentale Wasserwellen und konzentrische Kurven als Apostrophierungen des Himmels und der Gestirne machen den Raum zum Fragment. Die Welt ist bei Ringwald ein Kartenhaus, dessen Sinn und Un-Sinn der Betrachter selbst definieren muß, den aber künstlerisch zunächst die intensiv durchmodellierten Figuren und Gruppen qualifizieren.

So wird aus den drei Elementen, dem Schriftblock, dem Raum als Kulisse und den Figuren als Inbegriff des Sinngehalts in ihrer Gegensätzlichkeit ein rhythmisches Gefüge, das Meditation nicht nur möglich macht, sondern hervorbringt; denn der Betrachter muß immer wieder die Erzählung ergänzen und den Bericht vervollständigen. Der Künstler verbildlicht die biblischen Ereignisse so, daß deren Wirklichkeit oder Geheimnis immer wieder wie ein Ball auf uns zurückgeworfen wird: »Das bist Du!« – Oder: »Du selbst bist es, der hier zur Debatte steht.«

Diesen Vorgang der Anamnese, der Er-Innerung der biblischen Geschichte, können wir am Bild von Johannes dem Täufer in der Wüste und an der Darstellung der Berufung von Johannes dem Apostel näher erläutern.

An der untersten Rahmenleiste des linken Türflügels kniet Johannes der Täufer und schaut hinauf in die Landschaft vor sich und um sich. Doch man vermag dort nur wenig zu erkennen. Einige Geländefalten durchqueren den Grund. Rechts beobachten wir, klarer konturiert, drei Hochhäuser, dahinter einen Rundbau, Pyramiden (?) und einen architektonischen Kubus, deren Bedeutung schwer zu bestimmen sind. Nur rechts unten erscheinen menschliche Skelette und ein verendetes Tier als Flachrelief scharf herausgemeißelt. Wir ahnen, was der Künstler sagen will: Die technische Welt unserer Zeit und ihre tödlichen Wirkungen sind unsere Wüste oder das moderne Babylon; denn so interpretiert der Schriftblock die Landschaft:

O BABYLON WIE OFT KEHRST DU WIEDER EHE DIESE WELT VERGEHT.

Der Bildhauer malt also nicht den Inhalt der schrecklichen Vision eines zeitgenössischen Babylons oder die vorwärtsschreitende technoide Wüste aus. Vielmehr profiliert er Johannes den Täufer als Seher, als einen, der das Wesen der Verödung schaut. Dieser Johannes ist trotz seines langen Gewandes einer von uns, ein Mensch wie wir. Er schaut, er weist hin auf das Chaos. Er sinkt entsetzt zusammen. Er hält seine Hand vor den Mund, um sich am Schreien zu hindern; aber der ganze differenziert herausgearbeitete Erregungszustand der kauernden Gestalt macht seine Anamnesis – wie die Griechen sagen – seine ihn zu Boden werfende Erinnerung, deutlich. Johannes hat in den wechselnden Katastrophen der Geschichte die gleichbleibende destruktive Gewalt des biblischen Babylon wiedererkannt. Der letzte Seher des Alten Bundes sagt also nicht – wie einige von uns – wir haben 1933 noch nichts von dem Entsetzlichen geahnt, das auf uns zukommt. Oder wie einige Politiker heute sagen: Vor zwanzig Jahren konnte niemand das Ausmaß der destruktiven Prozesse abschätzen, das Profitsucht und Machthunger in die Schöpfung einzeichnen werden. Der Prophet des Bildhauers gibt – wohl wissend, daß seine Warnung ignoriert und verdrängt wird – dem Entsetzen Ausdruck.

So ist das Thema dieser Tafel in der Interpretation des Bildhauers eigentlich nicht das technologische Babylon und die Umweltzerstörung unserer Zeit allein. Vielmehr wird hier das Erkennen und Wiedererkennen anschaulich gemacht und der Aufforderung Gestalt gegeben, die Geister zu unterscheiden. Denn nicht die schiefen Hochhäuser und einige Skelette, sondern die Verdrängung der Einsicht und die Verblendung machen den infernalen Charakter einer Zeit, machen Babylon sichtbar.

In vergleichbarer Weise ist auch die gegenüberliegende Tafel der Tür mit der Berufung des Evangelisten Johannes zu deuten: Es ist wohl nichts so schwer für den Menschen, als eine gesicherte Situation zu verlassen und ins Ungewisse und Fremde aufzubrechen. Die Bibel wird nicht müde, den Aufbruch Abrahams aus Ur in Chaldäa (= Babylon) oder den Auszug des auserwählten Volkes von den »Fleischtöpfen Ägyptens« weg in die Wüste zu preisen. Ein derartiger Aufbruch macht nämlich nach den Berichten des Alten und Neuen Testamentes das Wesen der religiösen Berufung deutlich.

Die Relieftafel, die der babylonischen Vision Johannes des Täufers entspricht, veranschaulicht die Berufung des Apostels Johannes als einen solchen Aufbruch:

FOLGET MIR NACH UND ICH WERDE EUCH ZU MENSCHENFISCHERN MACHEN

So erklärt der Schriftblock die Szene.

Die Gestalt, von der diese Einladung und der Befehl zum Aufbruch ausgeht, steht auf der rechten Seite der Tafel neben einem belaubten Baum, der an der Rahmenleiste aufwächst. Die Gruppe, an die der Ruf gerichtet ist, hockt links in einem überaus kleinen Boot, das in einem ornamental gekräuselten See schwimmt. Der Rufer rechts – doch wohl ein Christus – besitzt weder Aura noch ein sakrales Attribut. Eher sorgenvoll ist er ein nüchterner, wenn man vom Gewand absieht, geradezu profaner Mann unserer Zeit. Das, was ihn auszeichnet, ist die Gebärde. Seine linke Hand ist zu den Berufenen ausgestreckt, seine Rechte weist hoch nach oben.

Die Männer in der linken Gruppe werden als Fischer charakterisiert. Das Schiff, eine unwirklich kleine Nußschale, zeigt die Begrenztheit von Arbeit und Umwelt. Aus der Mitte der Gruppe schaut ein älterer Mann mit verschränkten Armen zu Christus hinüber. Sympathisch, aber von seiner Berufsarbeit voll überzeugt, verharrt er unbeweglich. Weder der Ruf noch die Gestalt des Rufenden selbst vermag ihn aus seiner Ruhe zu bringen. Er zieht gelassen sein Netz hoch. Wie eine Kaskade steigt dieses Netz mit seinen feingliedrigen Maschen in Rautenform, die den Spiralen und Wirbeln der Wellen des Wassers entgegengeordnet sind, aufwärts. Die wunderbare Gegenbewegung der Ornamentik von Wasser und Fanggerät täuscht jedoch keinen Augenblick darüber hinweg: Das Netz ist leer.

Aus diesem eng umschriebenen Umkreis und dem kleinen, zu kleinen Schiff schreitet Johannes mit großem Schritt heraus und streckt mit letzter Entschlossenheit seine Hände Christus entgegen.

In diesem Gegensatz zu kleinbürgerlicher Berufsidylle und dem gewaltigen Aufbruch des Johannes besteht die künstlerische Aussage des Reliefs. Der religiöse Charakter der Figuren wird darüber hinaus durch den innerseelischen Ausdruck und eine das Milieu übersteigende Haltung gewährleistet.

In den nach oben folgenden Reliefs der Taufe Christi und des Abendmahls werden die Beziehung zwischen dem Einzelnen und der Gesellschaft mit sichtbar gemacht. Bei aller Hinwendung der Darstellung der Taufe Christi zur Tradition wirkt nämlich der aus den Wassern auftauchende Christus isoliert. – Er ist einsam. – In verinnerlichter und ornamentierter Gestalt scheint er das Bild des Christen zu vergegenwärtigen, der heute noch an Sakramente glaubt, und von dem sich eine moderne Umwelt absetzt. Die Dreiergruppe links im Bild ist in ihrem Staunen, Fragen und in ihrem drastischen Realismus so distanziert gegeben, als wollte sie sagen, ein solcher Vorgang wie diese Taufe sei ihr unvorstellbar.

Nur die Schöpfung selbst, die ornamental gekräuselten Wasser, die Lichtstrahlen, die von der Geisttaube ausgehen und die beiden flackernden Bäume, die eher Flammenbündeln gleichen als irgendeine Flora darstellen, arbeiten bei diesem Geschehen mit. Und Johannes der Täufer versinnbildet in der gewaltigen Gebärde, in der sich die große Gestalt des Propheten über den Herrn beugt, die Schöpfung selbst, deren sakramentale Bedeutung erst diesen uralten Ritus begreiflich macht.

Im Gegensatz zu Christus oder dem Gläubigen als isoliertem Einzelnen, sehen wir rechts beim Abendmahl die Situation der vereinsamten religiösen Gruppe heute. Sie wird, wie damals die Apostel mit Christus, von einem aus ihren eigenen Reihen verraten. Die Apostel, einmal einfache, einmal differenzierte Charaktere, die gelegentlich wie Freunde am Feierabend, dann aber wie überlegte Denker gegeben werden, stellen keine »Sacra conversazione« dar, sondern zeigen Männer in mitempfindendem Gespräch.

Die ganze Gruppe sitzt in einem fragwürdigen Raum, der mit seinen Arkaden und der Anordnung von Tisch und Stühlen Außen und Innen vertauschbar erscheinen läßt. In diesem imaginären Raum kann man die existentielle Situation der modernen Gesellschaft genauso wiedererkennen wie die Lage der Kirche heute.

Im Zentrum des Raumes und in der Mitte des Dialogs von hörenden und aufgeschlossenen Leuten gibt Ringwald die kunstgeschichtlich berühmte »Christus-Johannes-Gruppe« als Rückenfigur wieder.

Christus hebt mit dem Kelch hoch über sich keine Hostie, sondern ein »Baguette« (= Stangenweißbrot), als wollte er sagen, schon Brot und Wein als Nahrungsmittel machen den Wandlungscharakter der Schöpfung in eindringlicher Form sichtbar. Warum sollte dann die Bibel und mit ihr die Kirche nicht den Prozeß der Wandlung in Fleisch und Blut, Gottheit und Menschheit Christi bei der Erneuerung der Abendmahlsfeier gegenwärtig setzen?

Doch einer geht!

Dieser Weggang des Judas ist in der überlieferten Ikonographie durchaus nachweisbar. Aber es ist nicht belanglos, daß hier ein Politiker als Judas auftritt,

denn in unserer Gesellschaft beginnt das politische Taktieren mehr und mehr jede verantwortungsbewußte Haltung einzuebnen. Für den Bildhauer ist darüberhinaus bezeichnend, daß eine Art künstlerischer Kontrapunkt, eine Gegenbewegung, in seinen Kompositionen bemerkbar ist, mit der er seine Aussage noch eindringlicher zu machen sucht. So charakterisiert Ringwald die Verzweiflung des Verräters in einer Gesellschaft, in der Verrat und Maske zur Natur zu werden drohen, als positiven Sonderfall und setzt die folgende Schrift neben die Szene:
30 SILBERLINGE DAS BEHERRSCHENDE ZEICHEN AUCH UNSERER ZEIT – JUDAS EINER DER WENIGEN DER DARAN ZERBRACH.

Tatsächlich hat schon Johannes Scotus Eriugena, der große irische Theologe der Karolingerzeit, gemeint, daß am Ende der Geschichte einmal auch Judas wieder gerettet wird. (J. S. Eriugena, De divisione naturae, Lib. V, 29; PL 122, 937 A/B).

Die Problematik unseres sozialen Gefüges, die wir in den beiden Reliefs anschauen können, wird in ihrer Thematik noch durch die Darstellung des Gerichtsverfahrens gegen Petrus und Johannes überboten, das wir in der oberen Tafel des Apostelportals beobachten. Durch die Einführung seines Selbstporträts als Apostel macht der Bildhauer die Szene vor dem Hohen Rat zugleich zu einer Jury über moderne Kunst und über seine eigenen Werke. Dabei wird im Auf-und-Ab, Hin-und-Her der Figuren die pluralistische Situation des Gerichts und die psychologische Zusammenhanglosigkeit der Richter aufgezeigt. Ringwald zeichnet in diesen Figuren den völlig Desinteressierten genauso treffend wie den Ironiker. Der ältere Herr wird beschrieben, dessen pubertär-naiver Charakter bruchlos ins Senil-Dümmliche übergegangen ist, und jene werden gestaltet, die bei derartigen Gerichten ihr Intrigantentum überlegt einsetzen. Vor allem aber wird ansichtig, wie der Hohe Rat oder das Gericht, die gelegentlich, bis in die Theologie hinein, ohne verbindliche Wahrheiten und Normen anzuerkennen, sprechen, ein wirres Konglomerat (= Anhäufung) von Figuren bleiben, in dem die Gewalt um sich greift. Deshalb fordert dieser »Hohe Rat« oder die »Jury« auch ein bedingungsloses Mitläufertum oder wie die Bibel sagt: »Sie verboten ihnen, jeweils wieder im Namen Jesu zu predigen«. Ihre Gerechtigkeit ist also – wie der Bildtitel erläutert – die der Pharisäer, d. h. der Heuchler, die sich dem Trend anpassen.

Die Sekretärin des Gerichts – im Bild links – ist die Frau des Künstlers, die deshalb vergleichbar dem Seher im Giebel des Zeustempels von Olympia, verstört den entsetzlichen Vorgang zur Kenntnis nimmt.

So ließen sich Tafel um Tafel, Szene um Szene betrachten und interpretieren. Befremdlich aber werden die Darstellungen des Künstlers, wenn uns Ringwald unvermittelt mit Vorgängen der Zeitgeschichte konfrontiert wie im Gefängnis von Johannes dem Täufer, das eigentlich die Festung Machärus war, aber auf dem man im Relief STAMMHEIM liest. Stammheim hat zweifellos nichts mit der Festung des Herodes zu tun. Auch Johannes den Täufer kann man kaum mit den Leuten der Roten Armeefraktion (= RAF) zusammenbringen. Und doch deutet der Bildhauer derartige Beziehungen an. Ringwald will mit dem Relief sicher kein neues Corpus Juris, kein neues Gesetzbuch vorschlagen oder die Rechtspflege der Bundesrepublik verändern. Als Künstler aber schafft er eine neue Symbolsprache.

Die Bedeutung seiner Gefängnisarchitektur wird besonders im Vergleich mit der gegenüberliegenden Tafel sinnfällig, auf der wir das offene Grab Christi mit dem beiseitegeschobenen Türblock beobachten können.

Wenige glauben noch an einen Ort ewiger Verschlossenheit. Der aufgeklärte Mensch von heute glaubt an keine Unterwelt und keine Hölle mehr. Das wären nach Ansicht vieler Mythen, alte Erzählungen, die nicht der modernen Wirklichkeit entsprechen. Und doch wird für viele von uns schon die Tür eines Krankenhauses ein Portal zum Tode. Sie werden von dort nie wieder lebendig herauskommen. Und mitten in unserer fortschrittlichen Welt steht auch das Zuchthaus Stammheim. Für einige wird es, wie für Johannes den Täufer Machärus, eine verriegelte Architektur, die sie lebend nicht mehr verlassen werden. Dieses Gebäude wird zum »Land ohne Wiederkehr« wie der altorientalische Ischtarmythos die Unterwelt nennt. Nicht nur für einige Häftlinge der RAF gibt es dieses »Land ohne Wiederkehr«. Auch für ihre Richter und auf uns noch Freie wartet eine verriegelte Architektur. Jeder von uns ist unterwegs nach »STAMMHEIM«. Selbst Johannes der Täufer erleidet einen entsetzlichen Tod in den Gewölben der Festung, den die erschütternde Szene der obersten Tafel veranschaulicht. Deshalb wird in diesem Relief der Schriftblock zum Gebet:

ES DRINGT ZU DIR JAHWE
DER GEFANGENEN STÖHNEN
DIE DEM TOD GEWEIHT
ERLÖSE SIE

So gibt nur die gegenüberliegende Tafel, die Petrus und Johannes vor dem offenen Grabe Christi zeigt, eine Antwort auf die unausweichliche Frage nach dem »verriegelten Stammheim«. Denn nur einer hat den Block von seinem Grabbau weggewälzt und den Zugang zum Leben offengehalten, nämlich Christus.

Diese Einbeziehung der Gegenwart und ihrer Monumente, die wir in der Darstellung des Zuchthauses STAMMHEIM beobachten, wird noch verstärkt durch die Identifizierung biblischer Gestalten mit Zeitgenossen und mit hervorragenden Persönlichkeiten unseres Lebens.

III. Porträt und Typus – Zur Entdeckung der Bibel im Zeitgenossen

Es gehört zur Eigenart des Bildhauers Klaus Ringwald, daß in seiner Kunst bei aller Kultur des biblischen Reliefs die Porträtplastik Rang und Bedeutung besitzt. Niemand wird glauben, daß die Meister der Bronzetüren von S. Zeno in Verona eine umfangreiche und eigenständige Bildniskunst geschaffen haben. Ringwald dagegen ist in der Lage ein Porträt, vor allem einen Porträtkopf, individuell aufzubauen und zu profilieren. Er vermag jedoch darüberhinaus die personalen Züge in einem Charakter zu verankern. Charakter meint hier nicht nur psychische Eigenart, sondern überindividuelle Prägung oder Haltung. Kopf und Gestalt sind nicht nur Ausdruck einer Person, sondern sie werden zugleich Inbegriff einer geistigen Situation oder eines Typus.

Es sind jedoch bei Ringwald keine archaischen oder negroiden Masken, die z.B. am Beginn des Kubismus von Pablo Picasso das Allgemeine gewährleisten. Auch die gesichtslosen Urformen einer »Großen Mutter«, die wir in der Plastik von Henry Moore bewundern, haben Ringwald nicht angeregt. Noch viel weniger haben die Fotoklischees, mit denen Andy Warhol uns das Rasteridol der Massenmedien zu suggerieren sucht, den Bildhauer inspiriert. Ringwald geht in seiner Bildniskunst von der voll anerkannten und künstlerisch durchmodellierten Eigenwelt der Persönlichkeit der klassischen Moderne aus. Sicher spielt dabei die bildnerische Schulung durch seinen Lehrer Hans Wimmer eine Rolle, der sich von »klassischer Latinität« (U. Gertz) leiten ließ.

Schon in seinem frühesten Porträt, dem Bildnis seiner Mutter (1964), faßt der Künstler die Gerüste des Kopfes und die Partien der Oberflächen mittels eines konzentrierten Blickes zusammen. So gelingt dem Bildhauer die künstlerische Charakterisierung einer Persönlichkeit von kritischem Bewußtsein und großer Willenskraft. Diesen Vorrang des Blickes kann man auch später in den Porträts beobachten. In einem Kinderkopf (1970) – wohl die Tochter des Künstlers – läßt Ringwald das Gesicht aus der Haube der Haare wie aus einer bergenden Hütte vorsichtig hervorschauen und aufmerksam eine noch fremde Umwelt mustern. Das Grabmal Seiterich zeigt den Erzbischof mit Mitra und Stab in einer verinnerlichten Haltung mit verhaltenem Segensgestus. Durch diese Komposition erhält der Widerstreit und die Harmonie von Person und Amt des Kirchenfürsten überzeugenden Ausdruck.

Zweifellos bilden die Köpfe von Carlo Schmid einen Höhepunkt der Porträts von Klaus Ringwald. An dem Bild dieses Politikers, das wir in einem Relief des Ambo der Pfarrkirche von Singen wiederfinden, sollen die Beziehungen zwischen modernem Bildnis und Bibelrelief aufgezeigt werden. In diesem Vergleich, der eine Illustration zum ersten Psalm 1–2, also den Psalmisten oder David, mit einem Zeitgenossen interpretiert, können wir, exemplarischer als in den vielen Bildnissen und Verweisen der Bronzetüren von Villingen, die Art und Weise einer solchen künstlerischen Identifikation von modernem Porträt mit einer biblischen Gestalt deutlich machen.

Das Porträt Carlo Schmid ist ebenso sehr Beschreibung der Gesichtszüge eines Menschen und Chronik eines Mannes wie Zusammenballung eines Grundrhythmus. Der Hinterkopf mit dem reichen Haar wirkt wie eine Architektur, aus der das Gesicht wie eine Fassade hervortritt. Die geschlossenen Partien von Stirn, Backen und Kinn werden von Falten an Augenbrauen und Nase durchfurcht. Die Unterlippe ist leicht aufgeworfen und gibt dem Gesicht einen skeptischen Zug. Bei aller Mächtigkeit des Gesamtvolumens des Kopfes bleibt der Ausdruck zwiespältig. Man gewinnt den Eindruck, daß nur der prüfende Blick des Mannes, der jeder Wirklichkeit gewachsen scheint, die divergierenden Partien des

Gesichtes zusammenhält und dem Porträt Einheit und Rang verleiht.

Das Bildnis und sein Urbild kann man mit einem Satz von Carlo Schmid vergleichen, den der Politiker zitierte, um seine Beziehungen zu Klaus Ringwald verständlich zu machen: »Das, was ihnen gemeinsam ist, ist das, was Dante Alighieri in seiner Divina Commedia an einer begleitsamen Stelle gesagt hat, daß er gelernt habe im Umgang mit dem fernen Freund Vergil, ‚Come l'uomo s'aeterna'. – Unübersetzbares Wort! Man kann sich ihm nur annähern: Wie der Mensch sich in das Ewige hineinprojiziert, und sich damit verwirklicht. Und dieses Ewige, das jeder auf seine Art und Weise definieren und erleben mag, das ist für mich, wer sich selbst in die Welt hineinzuprojizieren vermag, im Rücksprung Welt in sich hineinzieht und nun aus sich herausstellt unter dem Gesetz der Form. Gesetz der Form, das vielleicht das gerade Gegenteil dessen ist, was wir das Formale nennen«.

Hier beschreibt Carlo Schmid nicht nur sein Verhältnis zu seinem Freund, sondern den geistigen Vorgang, der nach klassischer Auffassung Kunst hervorbringt. Erst die Beziehung des Menschen zum Kosmos und die Assimilierung und Aufnahme des Ordnungsgefüges einer von Zeit und Ewigkeit geprägten Welt macht Kunst möglich. Demnach ist der Künstler »im Ewigen daheim«. Er erwirbt sich durch seine Beziehungen zum Ewigkeitscharakter der Welt das »Gesetz der Form«.

In vergleichbarer Weise aber wird auch durch den Blick ins Ewige, den der Porträtkopf wahrscheinlich macht, das Gesetz der Welt zum Formprinzip des Bildnisses Carlo Schmid, – ein Blick, der den divergierenden Elementen des Gesichtes Rang und Bedeutung verleiht.

Das Relief des Ambo der Pfarrkirche in Singen (1977–1979) setzt Carlo Schmid als den Psalmisten oder »den Mann, der sich an die Weisungen Jahwes hält« in einen rautenförmigen Rahmen, der an dem pfeilerartig aufragenden Lesepult angebracht ist. In den verbleibenden, rechtwinkligen Ecken des Pfeilers erscheinen in eindringlichem Flachrelief die Symbole der vier Evangelisten. Unten, am Fuß der Stele, lesen wir:

SELIG WER AN JAHWES WEISUNG
SEINE FREUDE HAT UND ÜBER SEINER
WEISUNG NACHSINNT BEI TAG UND NACHT
Psalm 1, 1–2

Porträtbüste Carlo Schmid

Im Rhombus des Rahmens ragt leicht aus der Mitte verschoben ein mächtiger Baum auf. Diagonal zur Pfeilerachse strömt ein Fluß durch die Landschaft. An diesem Fluß trinkt ein Hirsch – das alte Symbol der Bibel für jede Nahrungsaufnahme lebendigen Geistes –. Am Fuße des Baumes aber sitzt tief, doch genau in der Achse des Pfeilers, der Psalmist, der nach Kopf und Gestalt als der Politiker Carlo Schmid erkennbar ist. Wem diese individuelle Ähnlichkeit nicht bekannt oder bewußt ist, der muß dennoch zugestehen: Der Psalmist ist ein Mann unserer Zeit, ein Dichter oder Literat, der sich über ein Buch beugt und den Sinn seiner Sätze zu begreifen sucht. Ohne irgendwelche Attribute sakraler Art, die man bei den Evangelisten- und Psalmistenfiguren der mittelalterlichen Kunst bemerkt, wird hier die Haltung von Meditation, von angestrengtem Sinnsuchen eines Lesers dargestellt. Obwohl man die Elemente der Landschaft, Baum, Fluß und Hirsch als symbolisiert bezeichnen kann, fehlen der Figur des Lesers alle Profile einer Stiliserung im formalen Sinne, die nach André Malraux das Heilige und damit auch den Heiligen prägen sollten. Denn so sagte der französische Literat: »Das Heilige ist das, wodurch die Formen Stil werden«. Für Ringwald und seine Meditationsfigur am Ambo der Pfarrkirche von Singen besteht das Heilige, oder das Bild des Heiligen, nicht in der Stilisierung, sondern in der überlegten Meditation, in der Sinnsuche im Text eines Buches. Daß bei dem Bildhauer eine profane Gestalt, also Carlo Schmid, für diese Haltung beispielhaft wird, ist weder zufällig noch unbedeutend. Denn tatsächlich war der Politiker, inmitten einer Berufsgruppe, die zum Großteil der leeren politischen Rhetorik verfallen zu sein scheint, ein »weißer Raabe«. Carlo Schmid war ein Mann des Buches und des nachdenklichen Lesens, wofür auch seine Rede über die Kunst und den Künstler Klaus Ringwald einen überzeugenden Nachweis bildet. Fast möchte man das mittelalterliche Gedicht des Hartmann von Aue auf ihn anwenden, in dem wir lesen:

Ein ritter sô gelêret was,
daz er an den buochen las,
der was Hartmann genant,
dienstman was er ze Ouwe.[4]

Der Kirchenbesucher und Hörer des Evangeliums in Singen wird durch die Darstellung des Bildhauers in einen Konflikt hineingedrängt. Während ihm der Text der Bibel weit weg und gelegentlich fremd zu sein scheint, fordert ihn der Künstler und der Psalmist, der in des Bildhauers Interpretation zu Carlo Schmid geworden ist, auf, der Bibel jene geistige Anstrengung zu widmen, die er auch jedem modernen Buch oder der zeitgenössischen Literatur widmen muß, um den Sinn ihrer Texte zu begreifen. Dazu bildet Ringwald in dem Relief einen Mann, der im Gegensatz zu den oberflächlichen Informationsvorgängen der Gegenwart, im Rationalen (der Welt der Vernunft), in der geistigen Erfassung und damit in der Überzeugung wurzelt. Weiterhin muß man ergänzen: Der Psalmist des Ambo von Singen, alias Carlo Schmid, wird vom Bildhauer als Mann dargestellt, der sich nicht von jeder Rhetorik und jedem Trend mitreißen läßt. Dieser Mann ist kein Mitläufer. Deshalb können wir – wie es der Kirchenführer der Pfarrkirche von Singen zurecht tut – auch den vollständigen Text der gewaltigen Einleitungsverse ins Buch der Psalmen zur Erklärung mit heranziehen:

»Wohl dem Mann, der nicht dem Rat der Frevler folgt, nicht auf dem Weg der Sünder geht, nicht im Kreis der Spötter sitzt, sondern Freude hat an der

Singen, Ambo (Lesepult)

Weisung des Herrn, über seiner Weisung nachsinnt bei Tag und bei der Nacht.

Er ist wie ein Baum, der an Wasserbächen gepflanzt ist, der zur rechten Zeit seine Frucht bringt und dessen Blätter nicht welken.«

Derartige Beziehungen zwischen zeitgenössischen Persönlichkeiten und Gestalten der Bibel finden wir in den Portalen des Münsters von Villingen immer wieder dargestellt: Da bemerken wir einen ehemaligen Ministerpräsidenten in einer kaum schmeichelhaften Situation. Dort sieht man ein Mitglied des Bundesrates. Erstaunlich ist es, im Gericht des Hohen Rates gegen Petrus und Johannes Mitglieder eines Domkapitels wiederzuerkennen. Auch nach Auffassung der Tradition, die uns Bischöfe und Prälaten an den Gerichtsportalen der Kathedralen als Teufelsgenossen vorstellt, ist die Mitgliedschaft zu einem Kapitel und zur Hierarchie noch kein Ausweis für die Zugehörigkeit einer Persönlichkeit zur Kirche. Nur die zeitgenössische, an der Soziologie, Bürokratie und Staatsverwaltung genormte Kirchenauffassung setzt die Kirche mit den hierarchischen Verwaltungsbeamten einer Organisation gleich. Die kirchliche Tradition und die Kunst der Kirche unterschied zwischen dem Amt und der Person und ihrer moralischen Haltung.

Dieser Tradition folgt auch der Künstler in den Portalen. Die Frage, die man sich seit Dantes großem Gedicht von der Göttlichen Komödie stellte, lautet: Wer gehört wirklich an diesen theologischen Ort, an den ihn der Künstler in seiner Bildwelt plaziert? Hat der Dichter oder Bildhauer das Recht, diesen in die Hölle zu versetzen oder jenem einen Platz im Himmel zu reservieren? Wir wissen, daß Dante Alighieri manchen seiner Mitbürger aus dem mittelalterlichen Florenz ins Inferno oder ins Purgatorium lokalisierte. Der Dichter scheute sich nicht, sogar den später von der Kirche heilig gesprochenen Papst Coelestin V. zu verdammen. Zweifellos hat der Künstler zu solchen letztgültigen Aussagen und Urteilen keine Kompetenz. Doch werden durch derartige Urteile und Zuweisungen, die uns kaum noch verständlichen Kategorien von Himmel und Hölle zur hautnahen Realität. Durch solche Darstellungen trifft die Bibel uns selbst und macht uns betroffen.

Eine Aufschlüsselung dieser Zuweisungen, Chiffren und Analogien in den Portalen des Münsters würde allerdings den Raum einer Einleitung in die Kunstwerke dieser Tore sprengen.

Die Betrachtung einer Gestalt jedoch mag noch für viele stehen. Es ist die Gestalt des Malers und Bildhauers Emil Wachter, der durch die Betonreliefs und die Glasmalereien der Autobahnkirche in Baden-Baden internationales Ansehen erlangt hat. Diesen Künstler versetzt Ringwald als »Seher von Patmos« in die oberste Relieftafel des Apostelflügels des Johannesportals.

Von Emil Wachter aber hat der Bildhauer auch einen eindrucksvollen Porträtkopf geschaffen, dem wir zunächst unsere Aufmerksamkeit zuwenden wollen.

Der Porträtkopf Wachter ist leicht zurückgenommen. Man hat den Eindruck, hier geht ein Mann auf Distanz. Die Stirn bildet mit dem Kopf eine ragende Wölbung. Seine Oberflächen sind glatt. Die Knochenpartien und Gerüste nehmen an der geistigen Tätigkeit teil und tragen, wie der geschliffene Stein eines Bergkegels das Licht der Sonne aufleuchten läßt, den Blick dieses Mannes. Die Augen liegen in ihren Höhlen und das Schauen bricht aus unauslotbaren Tiefen hervor. Die Adlernase Wachters verstärkt – dem Profil Dantes vergleichbar – die Konzentration des Gesichts. Kompromißlos erfaßt der Blick jedwede Situation. Selbst die leicht aufgerichteten Ohren scheinen sich an der Wahrnehmung zu beteiligen. Dieser Mann ist nicht er selbst, sondern wird ganz vom Schauen und vom Geschauten bestimmt. So sagte Cézanne vom Impressionisten: »Monet ist nur Auge – aber was für ein Auge!« Der Porträtkopf Wachter ist nur Wahrnehmung, innere und äußere Wahrnehmung. Der Erkenntnisvorgang scheint ihn allein zu bestimmen. Während etwa das Bildnis Carlo Schmids bei aller Betonung des gerichteten Blicks der Welt im umfassenden Sinn zugewandt ist und von der Untrügbarkeit seiner Einsicht und von der reichen Harmonie eines Humanisten berichtet, macht der leidvolle Blick Wachters den Mann und sein Bild zum Aszeten und Mystiker.

In dem obersten Portalrelief des rechten Torflügels, der die Geschichte des Apostels und Evangelisten Johannes veranschaulicht, beobachten wir also nicht ohne Grund die Gestalt des Malers und Bildhauers aus Karlsruhe als »Seher auf Patmos«.

Dieses Relief macht sich die Grundkomposition der Genesis zu eigen, wo es heißt: »Im Anfang schuf Gott Himmel und Erde« (Gen. 1,1). Zwischen Himmel und Erde ist nämlich – wie der Seher der Tafel – der Mensch zuerst aufgestellt. Noch ehe der Mensch die naturwissenschaftlichen Kategorien eines unendlichen Naturraumes und seiner Spiralnebel entwickelte und diese Welt in sich selbst gefährdender Weise zu brauchen und zu verbrauchen begann, besaß und besitzt das Weltall die biblischen Koordinaten von Himmel und Erde. In diesem Ordnungsgefüge von Himmel und Erde ragt der Mensch wie ein Bild des verborgenen Gottes auf.

Die Erde ist auf dem Relief nur ein schmaler Streifen Land, der von zerbrochenen Säulen und Säulentrommeln, den Sinnzeichen der sich immer neu wiederholenden Katastrophen der Geschichte, bedeckt ist. Die Dürftigkeit seines Existenzgrundes verbildlichen weiterhin die oramentalen Wellen des Meeres, auf dem zwei Schiffe schwimmen. Der Himmel darüber – zwei Drittel der Gesamtfläche der Tafel – wird von einer Kuppelmitte aus konzentrischen Kreisen gebildet. Dieser Himmel neigt sich mit flügelartigen Wirbeln herunter und sucht den aufragenden Seher auf Patmos zu ergreifen. Johannes selbst aber erhebt sich im uralten Orantengestus mit ypsilonförmig hochgestreckten Armen wie einst Moses in der Schlacht oder später die Beterfiguren der Katakomben. Man könnte diese Gestalt des Reliefs auch mit mittelalterlichen Figuren des zum Himmel auffahrenden Christus vergleichen, den Clemens von Alexandrien den »Vortänzer im großen Reigen« nannte. Als Rückenfigur tritt der Seher Johannes in seiner Individualität weiter zurück und gibt zuerst und vor allem den Blick auf einen unbegreiflichen Himmel frei.

Wer es weiß, vermag also im Bilde des Sehers Johannes den Künstler Emil Wachter wiederzuerkennen. Für den Nichteingeweihten aber ist dieser Johannes auf Patmos der Mensch schlechthin, den die Griechen Anthropos, das Wesen, das schaut, genannt haben.

Dieses Relief mit dem »Seher auf Patmos« erhält seine symbolische Bedeutung wie oft in der Komposition der Portale auch durch den Gegensatz zu dem gegenüberliegenden Bildaufbau, in diesem Fall durch die Enthauptung des Täufers Johannes.

Während wir im Johannes auf Patmos die Dynamik des Aufsteigens zum Himmel miterleben, beobachten wir in der Enthauptungsszene die Wehrlosigkeit des Gefesselten. Dort bezeichnet die Vertikale oder eine steigende Diagonale die Gestalt, hier prägt die Horizontale die Figur. Abgeschnitten vom Boden liegt die Figur des Täufers in der Fläche der Tafel. Aufgenommen von einem ornamentalen Himmel, erhebt sich der Seher nach oben. Der Seher dreht uns den Rücken zu. Er ist gleichsam die Repoussoirfigur, die uns zurückdrängt. Dagegen ist Johannes der Täufer uns frontal zugewandt. Johannes auf Patmos ignoriert uns und schaut zum Himmel auf. Der gefesselte Akt des Täufers blickt – als einzige Figur dieses Portals – aus dem Bild heraus und schaut uns an.

Dieses Relief der Enthauptung des Johannes Baptist ist kein bloßes Historienbild, sondern macht ein Geheimnis des menschlichen Daseins offenbar: Zwischen Baum und Portal, Beil und geschlossener Wand, Leben und Tod hängt der Mensch im Leeren. So sagt ein altes Lied: Mitten im Leben sind wir vom Tod umfangen.

Porträtbüste Emil Wachter

Rechts vom Bildnis des Täufers in der Waage beobachten wir am verriegelten Tor drei Frauen mit einer Schale. Links hebt der brutale Henker sein gewaltiges Beil.

Die Dreiergruppe wird vom Künstler wie die drei Lebensalter, als Kind, als reife Frau und als vergrämte und gebrochene Greisin interpretiert. Eben noch haben diese Frauen – Herodias und Salome – aus Eifersucht und Laszivität den Tod des Täufers verursacht. Nun wird der stattliche Mann zum Gegenstand ihres Mitleids und ihrer Anteilnahme. Die Alte verliert vom Geschehen erschreckt ihre Haltung und Fassung und hängt sich bei der jungen Frau ein. Die reife Frau ist von der Schönheit des Mannes und seiner inneren Haltung betroffen. Das Kind hebt seinen Kopf und sucht über den Rand der Schüssel hinweg einen Blick auf den nackten Mann und den unbegreiflichen Vorgang zu erhaschen.

Welch Mißverständnis der Geschlechter in der Tanzdarstellung unten im Vergleich zu diesem obersten Bild! Welch verspätete Einsicht in die Wahrheit und Schönheit des Lebens! Wie erschütternd wird hier der Tod als Offenbarung und Sinndeutung der Ordnung menschlichen Daseins dargestellt.

Dieser Johannes der Täufer liegt wie eine gefällte Säule im Bild. Die Architektur seines Organismus wird durch die Stricke an den Fesseln der Füße und Hände rhythmisch unterteilt. Die gleichmäßig gebildeten Rippenbogen verstärken die stilbildenden Profile in der Gestalt. Selbst das Geschlecht betont den ornamentalen Charakter des Aktes. Ihren Höhepunkt erhält die Tendenz, die Figur zu ornamentieren, im Kopf, dessen Haupthaar mit seinen Locken an den Kopf des Samson mit den »sieben Locken« – dem uralten Symbol des Sonnengottes erinnert. Der gewellte Bart vervollkommnet den Charakter des Ornaments, das heißt, eines Gefüges, das einer größeren Ordnung verpflichtet ist. Aus dieser, dem Sonnenhaupt vergleichbaren Strahlenornamentik, bricht der Blick hervor, und identifiziert jeden Betrachter mit diesem letzten Heros des Alten Bundes.

Ist hier eine bestimmte Persönlichkeit dargestellt oder das Selbst des Künstlers, oder sollte ein Christusbild mit Form annehmen? –

Wir wissen es nicht. –

Erbarmungslos und gewalttätig wie das Schicksal, fällt der Henker mit seinem Beil das Haupt des Mannes, der seinen Hals dem Todesstreich bereitwillig hinstreckt. Die Römer sagten »sol nascitur«, »die Sonne wird geboren«. Sie sagten aber auch »sol occidit«; das heißt nicht nur, »die Sonne geht unter«, sondern »sie wird getötet« oder vom Horizont enthauptet. So blickt der Gefesselte aus dem Bild wie der Rollenspieler des kosmologischen Dramas. Ausweglos ist das Schicksal des Menschen in der Natur wie das des Johannes in der Geschichte. Immer am Ende ein Baum, ein verschlossenes Tor und ein fallendes Beil. Der Mensch geht unter, wenn er sich nicht wie der Seher auf Patmos mit der aufgehenden Sonne ins Licht des Himmels erhebt.

Über den Bildtafeln aus dem Leben von Johannes dem Täufer und Johannes dem Apostel und Evangelisten stehen die beiden Bogenfelder, von denen der Bildhauer sagt:

»Bis 1981/82 war der Platz der beiden Tympana verglast, was natürlich zur Würde der Architektur der Bogenfelder im vollkommenen Widerspruch stand. Wann die ehemaligen Tympana abhanden gekommen sind, läßt sich nicht feststellen. Jedenfalls ist es unmöglich, vom Denken jener Väter her gesehen, diese wichtigen Bogenfelder mit Löchern zu hinterlassen. Diese Bausubstanz mußte ergänzt werden, und ich tat es mit dem Sandstein, mit jenem Material, woraus die Bogenfelder und Gewände gestaltet sind. So stehen sich nun diese beiden Giebelfelder gegenüber in Wahrung des Gleichgewichtes und des sich Ergänzens.

Feingliedrig liegen sie da, die Lämmer, in bewollter und geschorener Position. Die gegenseitige Steigerung ist auch hier nicht zu übersehen. Beobachtung, genaues Erkennen des Wesentlichen, Ausspielen von Haupt- und Nebenvolumen, von Körper und Extremitäten, dies alles ist exakt, aber in einer stillen Weise vorgetragen. Hier sind es nicht nur Lämmer, sie haben ihren Inhalt im Symbol. Ihre Attribute ergänzen diese Tatsache.

Kann man sich als Bildhauer Glücklicheres vorstellen, als zu zwei Türen in Bronze auch noch zwei Tympana in Stein zu hauen?«

Dieses »Lamm« über dem jeweiligen Portal ist das Sinnzeichen des Opfertodes Christi am Kreuz und bleibt so das Symbol der Leiden des Täufers und des Liebesjüngers und der Schlüssel zu jedem menschlichen Leid.

Die Vitalität dieser Reliefs und ihr künstlerischer Gehalt lassen es notwendig erscheinen, noch ein letztes auch für unsere Zeit wesentliches Motiv in den Portalen und im Werk des Bildhauers näher zu betrachten, nämlich das Thema der Erotik und sein Bild der Frau.

IV. Eva-Maria – die biblische Frau heute

Es gehört zur Eigenart des Frauenbildes von Klaus Ringwald und zu seinen erotischen Vorstellungen, daß seinen Figuren der Manierismus der Mannequins einiger phantastischer und surrealer Maler der Gegenwart genauso fehlt, wie die üppige Sexualität eines Maillol oder Matisse. Obwohl in den Szenen des Frauenportals des Münsters von Villingen symbolische Motive wie der Pfau, die Engelsflügel und selbst der dreiköpfige Bote der Verheißung der Geburt Isaaks an Abraham zu beobachten sind, prägt die Frauengestalten des Alten und Neuen Bundes in den Reliefs der Türflügel eine große Nüchternheit. Man mag dabei an das Aktbild der Eva denken oder sich die Schwester des Moses als Sängerin vergegenwärtigen, die neugierige Sarah oder Maria als Mutter in der Weihnachtsszene betrachten, immer sind es vitale Frauen unserer Zeit, die der Künstler mit darstellt. Diese Frauen demonstrieren weder einen bloßen klassizistischen Kanon, noch sind sie Statisten tiefenpsychologischer Triebvorstellungen. Vielmehr wird in den Gestalten der Reliefs eine innerseelische Haltung repräsentiert. So wird das Heilige, das Exemplarische oder das Allgemeine durch den Ausdruck der Bereitschaft und Entschlossenheit, religiös zu handeln, gewährleistet, – eine Haltung, die auch sonst im Leben des Menschen von heute einen besonderen Rang einnimmt. Daß dabei die Vitalität oder das Ja zum Leben eine eigene Qualität erhält, zeigen nicht zuletzt die Gestalten der Eva und in vergleichbarer Weise die Mutter Gottes mit dem Kind in der Krippe von Bethlehem.

Das Allgemeine, das aus diesen Frauengestalten spricht und wenn man will, das Sakrale, besitzen dadurch nicht den herbarienartigen Charakter historisierender Allegorese der Neugotik des 19. Jahrhunderts oder die ungestüme Bewegtheit eines Sakralexpressionismus, sondern offenbaren sich in einer nüchternen Entscheidung für das Leben. Damit gewinnen die Kunstwerke Ringwalds die Bedeutung religiöser Existentiale, die in der Theologie Karl Rahners gefordert werden.

Diese Eigenart der Kunst des Bildhauers zeigt sich zunächst in den beiden leitmotivischen Figuren der Türflügel, nämlich in Eva und Maria.

1. Die Mutter des Lebens und die Mutter des Erlösers

Unter der Bogenleibung des Marienportals beobachten wir in zwei übergroßen Bildfeldern die beiden uralten Entwürfe vom Lebensbaum im Paradies und vom Kreuz auf Golgotha, von Eva, der Mutter des Lebens, und Maria, der Mutter des Erlösers. In beiden Reliefs wird zunächst ein verschiedenartiges ästhetisches Programm gezeichnet. In beiden Kompositionen offenbaren sich jedoch verschiedene geistige Haltungen. Links sehen wir, stattlich und blühend, das Leben; rechts beobachten wir, gedrückt und gebrochen, das Sterben. Links repräsentiert frontal und herausfordernd das Aktbild der Eva die Welt. Rechts steht verhüllt und gebeugt die Mutter der Schmerzen bei der Hinrichtung Christi. Eva zeigt in der Architektur ihres Körpers, in »Stütze und Last« klassischer Kunst, die Schönheit der ursprünglichen Schöpfung. Zugleich aber macht sie in ihrer herausfordernden Haltung die Freiheit des Menschen und seinen unbändigbaren Stolz sichtbar. Das Stabat-Mater-Motiv, das Ringwald in einer Kreuzigungsgruppe von 1975 im Strömen der ornamentalen Gewandfalten der Madonna zu einem lyrischen Thema der Trauer geformt hat, wird in Villingen durch die gebrochenen und gekreuzten Falten des Leides zum Sinneszeichen einer Katastrophe. Und der Gekreuzigte, der in der Gruppe von 1975 Züge einer Maiestas zeigt, wirkt im Portalbogen des Münsters gedrückt und besitzt, trotz seines aufwärts gerichteten Blicks, das Pathos des Untergangs.

Ebenso gegensätzlich wirken die Attribute der beiden Frauen: Neben Eva hockt ein Löwe, dessen Figur eher die Fragwürdigkeit des Stolzes als die Hoheit des Menschen demonstriert. Maria dagegen begleiten zwei Totengerippe, die in ihrer Bewegtheit und ihrem Aufbruch ins Leben all ihren Schrecken verlieren.

Eine vergleichbare Gegensätzlichkeit der Haltungen und eine Vielfalt der Bedeutungen sind auch den folgenden Frauengestalten des Portals und ihren Bildräumen eigen.

2. Der Vater des Glaubens und die Braut des Heiligen Geistes

Die Legende des Marienportals beginnt unten an der Basis der Portalflügel, dort wo die Verheißung der Geburt Isaaks an Abraham und die Verkündigung an die Jungfrau Maria einander gegenüberstehen. In beiden Reliefs begleiten Engel in besonderer Weise die Haltung des Glaubens. Links fordert der Herr als dreigestaltiger Engel von Abraham den Glauben. Rechts bringt der Engel des Herrn Maria die Botschaft von der Empfängnis durch den Heiligen Geist.

Der gewaltige Bote an Abraham trägt alle Attribute der Trinität. So steht neben ihm der Baum mit drei Ästen und dessen Stamm mit drei Wurzeln. Der Engel selbst aber besitzt die drei »Prosopa« (griechisch), das sind die drei Gesichter, die gleichsam die drei Personen versinnbildlichen. Ob man an die drei Abmessungen der Zeit (Vergangenheit, Gegenwart und Zukunft) denkt, oder die drei Dimensionen des Raumes (Länge, Breite und Höhe) beobachtet, oder an die drei Fähigkeiten der Seele (Erkenntnis, Wille und Sein) erinnert, oder die Dreigestalt der Familie (Vater, Mutter und Kind) betrachtet, immer wieder steht vor uns, wie vor Abraham, das Bild des dreifaltigen Gottes. Dieses große Bild zwingt Abraham, den Vater des Glaubens, in die Knie. Dieses Bild macht aber auch das ungläubige Lachen der Sarah, die aus dem Zelt hervorschaut, lächerlich.

Ähnlich groß entwirft der Künstler den Engel des Herrn, der in seinen Flügeln, in den bewegten Armen und Beinen das Atmen des Weltalls und das Licht der Sonne repräsentiert. Dieser geheimnisvollen Bewegung des Boten Gottes gegenüber kniet Maria mit bereiten Händen und einer gläubigen Nüchternheit. Ebenso wie die alte Madonnenfigur des Münsters, die Ringwald neben die Maria der Verkündigungsszene setzt, interpretiert ein Medaillon mit dem Kopf der Mutter des Künstlers die Geistigkeit seiner Mariengestalt: »Siehe ich bin eine Magd des Herrn. Mir geschehe nach deinen Worten.«

3. Das »Magnifikat« als Sang des Gerichtes

Es gehört zu den wenig beachteten Geheimnissen des Glaubens, daß der Sang des Magnifikat, das Siegeslied der Seele der Muttergottes, auch ein Triumphlied der entrechteten und gedemütigten Frau über eine politische Welt und ihre Pseudotriumphe darstellt. Jene Mitläufer und Karrieristen in der Politik, die »immer vorn« und immer »up to date« (= modern und von »unserer Zeit«) sind, werden durch scheinbar bedeutungslose Frauen vom Sockel gestürzt. So setzt der Künstler die Mutter des letzten Richters des auserwählten Volkes Samuel mit ihrem Kind auf die Stufen unter den Torbogen des Tempels und läßt sie auf die »Herrscher der Welt« hinweisen. Deren Erhöhung und deren Sturz werden durch zwei bekannte Politiker in eindringlicher Weise verbildlicht. Der eine steht steif auf seiner Säule und der andere bricht mit seinem Stativ – als wäre er nicht mehr als ein Ständer – zusammen. So stellt Ringwald, wie das gewaltige Lied der Bibel selbst, kein »Rad der Fortuna«, keinen schicksalhaften Vorgang der Geschichte, sondern ein Gericht dar:

JAHWE ERNIEDRIGT UND ERHÖHT ER HEBT AUF DEN DÜRFTIGEN AUS DEM STAUB UND ERHÖHT DEN ARMEN AUS DEM KOT DASS ER IHN SETZE UNTER DIE FÜRSTEN.

Auf dem Hintergrund dieser elementaren Szene des Alten Bundes links entwirft der Bildhauer rechts das Relief der Heimsuchung, das heißt, das Bild der Begegnung von Maria und Elisabeth. Auch diese beiden Frauen waren keine Damen von Welt. Sie repräsentierten nicht auf den internationalen Kongressen des römischen Reiches, sondern sie blieben Hüterinnen des Lebens, das der Herr ihrem Leib anvertraut hatte. Wie einfach ist die Form der Umarmung, wie innig der Ausdruck beider Gesichter und wie tief das Bewußtsein von der Größe ihrer Berufung. So gibt der Künstler beide schwangere Frauen, die junge und die alte, Maria, das Symbol des Neuen Bundes, und Elisabeth, die Vertreterin des Alten Bundes, bei ihrer Umarmung wie von einem gemeinsamen Gedanken beseelt, nämlich dem Leben in ihnen, also dem Sohn Gottes (= Christus) und seinem Vorläufer (= Johannes) und damit Gott selbst ihr Herz zu schenken. Wie der unaufhaltsam ins Licht aufstrebende Baum, werden diese Gestalten zum Sinnbild einer unzerstörbaren göttlichen Vitalität. Ähnlich wie Hanna, die Mutter Samuels, im Tor des Tempels dem Leben eine Tür auftut, so öffnet das Ja zum Leben auch in diesem Relief eine Tür. Es sind die Portalflügel vom Haus Zacharias, die hier langsam aufgehen. Für alle, die es und ihn bei ihren Intrigen und ihrer Politik vergessen haben, mag der Name Zacharias hier übersetzt werden. Er heißt: Jahwe hat sich erinnert.

4. Der »Hüter der Schwelle« und die Geburt des Kindes

In der traditionellen Ikonographie wird der Bericht vom Segen des heidnischen Sehers Bileam zum Anlaß genommen, den dramatischen Konflikt zwischen dem Tier, das den Engel des Herrn bemerkt und dem Seher, der den Boten Gottes nicht wahrnimmt, in drastischer Weise zu zeichnen. Im Relief der Tür dagegen werden Seher und Reittier getrennt. Das hellsichtige Tier, das den Engel sah, wird gleichsam wieder zum Esel. Der Esel aber erscheint wie das Symbol des Menschen, der den Stern aus Jakob und den Segen des Bileam über das Volk Gottes ignoriert, und in der gestuften Sackgasse vor dem Schwert des Gottesboten, den wir mit Dante den »Hüter der Schwelle« nennen können, zusammenbricht. Der Seher selbst aber wird bei seiner Vision und bei seinem Segen über Israel groß herausgestellt:

AUF GEHT AUS JAKOB EIN STERN EIN ZEPTER ERHEBT SICH AUS ISRAEL.

Was im Relief im Symbol des Sterns gezeigt wird, der Messias, findet in der Geburt Christi seine Erfüllung.

Doch dem Bild der Weihnacht mit der Geburt Christi nimmt Ringwald in besonders auffälliger

Weise jene stimmungshafte Atmosphäre, die gerade wir in Deutschland mit der Hl. Nacht verbinden. Zwar sehen wir noch eine Reihe von gewohnten Requisiten wie die Krippe mit dem Stroh, Ochs und Esel und einen Josef in meditativer Haltung. Aber gerade die Madonna mit dem Christkind wird ohne jedes mysterienhafte oder sakramentale Attribut gebildet. Hier steht die Geburt selbst in natürlicher, vielleicht in allzu natürlicher Weise im Mittelpunkt der Komposition. Die Mutter nimmt nach der Niederkunft ihr gesundes Kind in großer Freude in ihre Hände. Sie selbst ist ebenso wie ihr Kind kraftvoll und schön gebildet. Tatsächlich ist diese Mutter und ihr Kind - ein Vollrelief - von vollendeter künstlerischer Qualität.

Es ist, als ob der Bilderhauer uns, die wir uns - dem Reittier des Bileam auf dem Relief vergleichbar - von der Vision des Messias abwenden, sagen wollte: Das Urbild der Menschwerdung Christi ist die Geburt des Kindes, - und zwar eines jeden Kindes. In diesem von Gott geschaffenen Vorgang ist das große Geheimnis der Menschwerdung des Wortes grundgelegt. In einer Gesellschaft, die sich selbst zu einem Teil die Abtreibung des Kindes gesetzlich erlaubt - wozu niemand eine Vollmacht oder ein Recht besitzt - wollte der Bildhauer auf die einzigartige Größe des Vorgangs der Geburt des Menschen - das Urbild der Weihnacht - hinweisen. Und Klaus Ringwald hat seine künstlerisch kaum zu bewältigende Aufgabe meisterhaft gelöst.

Villingen, Münster. Gesamtansicht

Auch das Thema der beiden nach oben hin folgenden Reliefplatten führt uns in einen Vorgang, der für unsere Zeit von besonderer Aktualität ist.

5. Exodus oder der Mensch auf der Flucht

Die Darstellungen des Exodus, des Auszuges des Volkes Israel aus Ägypten und die Flucht der Hl. Familie nach Ägypten entwirft der Künstler wohl mit bewußter Dialektik in gemeinsamer Komposition. Es sind nämlich zwei Bilder mit einem Fluchtpunkt. Die Konvergenz der Perspektiven, den Fluchtpunkt aber nennt der Jesuitenmaler und Theoretiker der Barockkunst Pozzo, die »Ehre Gottes«.

So flieht links das Volk Israel aus dem offenen Rachen des Meeres quer durch die Bildtafel bis nach rechts oben hin, wo Mose den Seinen den engen Weg durch die Felsenspalte weist. Auf der gegenüberliegenden Seite aber zieht ein gewaltiger Josef den Esel mit Maria und ihrem Kind diagonal aufwärts zur gleichen Torspalte, dem gemeinsamen Augenpunkt beider Bildtafeln, hin. Durch diese enge Gasse müssen gleichsam beide, das Volk und die Familie, hindurch. Dieser Auszug ist für sie der unabdingbare Wille oder die Ehre Gottes.

Während links das »Ornament der Masse« (S. Krakauer) zu einem Volk als Gestalt uminterpretiert wird, bildet die Vertreibung der Familie das Thema des rechten Bildes.

Auf dem linken Relief stehen stellvertretend für den Untergang des ganzen ägyptischen Heeres ein auf dem Rücken liegendes Pferd, ein Roß im Profil und zwei abgeworfene Reiter mit den beiden herrenlosen Kronen Ägyptens. Sie figurieren in ihren disparaten Formen das Ende der Macht. Die großartige Ornamentik der Wellen des Wassers verbildlicht das Schilfmeer, das zugleich Abgrund und Schutzwall darstellt. »De profundis ...« (»Aus den Tiefen ...«) aber erhebt sich das Volk, das zum Sinnbild jener wird, die angstvoll in die Gaskammern zogen, das aber auch Symbol eines unerschütterlichen Glaubens bleibt. Dieses Volk bildet eine gläubige Gruppe, die in der Gestaltung des Künstlers dem Bild des Jonas vergleichbar wird, den der Walfisch ans Land spie. – Ein unvergeßliches Zeichen der Auferstehung –

Die Israeliten erscheinen gedrückt, besorgt und entschlossen. Sie wirken fromm, so wie die Juden, die Ludwig Meidner zu malen pflegte.

Über diesem so ganz anderen »Ornament der Masse«, das einen sich im 20. Jahrhundert oft wiederholenden Prozeß ansichtig macht, steht kraftvoll Mirjam, die Schwester des Mose. Sie schlägt die Pauke und feiert den Untergang jeder Gewalt.

Dem gegenüber sehen wir rechts die Flucht der Familie. Wie Maria und Josef und das Kind zogen sie nach dem Krieg zu Tausenden und zu Millionen von Osten nach Westen und von Westen nach Osten, wenn auch nicht an Pyramiden, so doch an Städten und ihren Trümmern vorbei. Immer folgten ihnen die Angst und die Panik. Aber der Künstler meint hier nicht nur die Vertreibung durch den Krieg. Es gibt auch in unseren westlichen Demokratien, im sogenannten Rechtsstaat, den ungeheuren Druck wirtschaftlicher Gewalt. Es gibt die üble Nachrede, den Rufmord und die publizistischen Machtmittel, mit denen wir jeden Konkurrenten, ohne daß Polizei und »Rechtsstaat« davon Notiz nehmen, liquidieren können. Frauen und Kinder, Witwen und Waisen sind die bevorzugten Opfer dieser Gewalttaten, die oft mit Hilfe bürokratischer Torturen durchgeführt werden. Und so lesen wir auf diesem Relief:

DIE FLUCHT – DAS EINZIGE MITTEL UM RUFMORD UND MORD IM VATERLAND ZU ENTRINNEN.

6. Debora, die Richterin und Maria, die Verwalterin der Wandlung

Schief sitzt die Richterin Debora auf ihrem Thron, der trotz seines schweren Podestes zu schwanken scheint, und sorgenvoll ist das Gesicht dieser Frau. Bitternis und Entschlossenheit zeichnen in beachtenswerter Weise ihre Gestalt. Wenn die Männer, die, wie hier Barak und seine Hopliten, zinnsoldatenartig und uniform gebildet sind, ihren Mut verlieren, treten auch in der Bibel Frauen wie Debora oder Judith auf, die ihre Stelle einnehmen. Zweifellos ist diese Debora keine »Emanze«, kein Weib, das durch freches Auftreten Sicherheit vortäuscht, sondern eine verantwortungsbewußte Frau. Und ihr Gesicht gehört zu den bedeutenden Profilen dieser an qualitätvollen Porträts nicht armen Portale.

Das Gegenbild dieser Richterin, die Maria auf der Hochzeit von Kana, wird von Ringwald ähnlich aufregend gezeichnet. Diese Hochzeit, auf der, wie Augustinus uns belehrt, Christus eigentlich nichts anderes tut als die Sonne, wenn sie im Herbst in den Trauben das Wasser zu Wein werden läßt, zeigt den

Vorgang der Wandlung, der sich in der Natur und in vergleichbarer Weise auch in der Erlösung vollzieht. Diesen Vorgang setzt im Relief Maria in Gang. Zum Erstaunen der Gäste legt sie in einer kühnen Wendung die Hand auf Christus und fordert ihn zur Verwandlung des Wassers auf. Dadurch wird die Frau, die schon kraft ihrer Natur die Verwalterin des Lebens ist, zur Herrin des metamorphotischen Prozesses auch in Gesellschaft und Geschichte. Maria legt ihre Hand auf seine Schulter, auch wenn Christus sagt:

WEIB WAS HABE ICH MIT DIR ZU SCHAFFEN
MEINE STUNDE IST NOCH NICHT GEKOMMEN!

So setzen die Exegeten und der Künstler eine Reihe von weiblichen Charakteren den verschiedenen Ereignissen aus dem Marienleben gegenüber. Diese Charaktere hat der Bildhauer gestalterisch mit Vorgängen der Gegenwart zusammengeschaut, so daß ein eindrucksvolles Bild der biblischen Frau heute entsteht. Dabei werden die geprägten Persönlichkeiten der Bibel zu Existentialen, in denen die Frau immer wieder als Verwalterin des Lebens Gestalt annimmt. Eva, Maria und die anderen biblischen Persönlichkeiten öffnen uns, wie das Marienportal selbst, eine Tür in das Münster von Villingen und darüberhinaus in die Kirche unserer Zeit.

Die Betrachtungen der Münsterportale haben uns gezeigt, daß es Klaus Ringwald gelungen ist, den zeitlichen Abstand zwischen Bibel und Gegenwart zu überbrücken, ohne die Frohe Botschaft zu verfälschen oder sich selbst zu verstellen. »Der Bildhauer erfüllt die Welt, die die Heilsgeschichte vergegenwärtigt«, so drückte sich Carlo Schmid in seiner Rede über Ringwald aus, »nicht mit Klischeefiguren und nicht mit bloßen Denkbildern, sondern mit Menschen, die er und wir erlebt haben und mit denen wir in Liebe und Abneigung, in Zorn und Glücksgefühl vereint waren«. Dabei spielen sein bemerkenswerter Symbolismus und seine Wende zum Ornamentalen eine ebenso bedeutende künstlerische Rolle wie sein an klassischen Formen orientierter Realismus.

»Wer sich mit Ringwalds Arbeiten näher einläßt, spürt deutlich: seine Schaffensweise arbeitet mit an der Aufhebung eines falschen Gegensatzes von profaner und religiöser Kunst« (Erich Kock).

Seine Kunst verankert uns in der Bibel und läßt ihre Worte in uns Anker schlagen; denn so formuliert es Klaus Ringwald selbst: »Man kann nur auf dem stehen, was gestern stand«.

Anmerkungen:

[1] Philo von Alexandrien, Leben Mosis II (III), 72-77, 117. – Für Mitarbeit und Korrekturen bei diesen Betrachtungen hat der Verfasser Frau Oberstudienrat Mariajosefa Iffelsberger zu danken.

[2] Wolfram von den Steinen: Der Kosmos des Mittelalters. Bern-München 1959, S. 12.

[3] Jean Danielou: Sacramentum Futuri. Paris 1950, S. 8.

[4] »Ein Ritter (hier ein Politiker) besaß solche Schulbildung, daß
er in den Büchern lesen konnte,
alles was er darin geschrieben fand.
Er war Hartmann genannt
und war Lehnsman zu Aue«. – Vergl. Helmut de Boor: Hartmann von Aue (1180-1205 n. Chr.), Der Arme Heinrich. Mittelhochdeutscher Text und Übertragung. Frankfurt am Main und Hamburg 1963, S. 6/7.

Bildteil

Eva Mutter des Lebens Gen. 3	Maria Mutter des Erlösers Joh. 19, 25
Debora Richterin in Israel Ri. 4, 4–14	Hochzeit zu Kana Joh. 2, 1–12
Die Flucht aus Ägypten Ex. 13, 14, 15	Die Flucht nach Ägypten Mt. 2, 13–15
Der Seher Bileam Num. 22–24 + 24, 16–17	Die Geburt Jesu Lk. 2, 1–20
Das Loblied der Hanna 1. Sam. 2, 1–11	Das Loblied der Maria Lk. 1, 39–56
Die Verheißung Isaaks Gen. 18	Die Verheißung der Geburt Jesu Luk. 1, 26–38

Marienportal

EVA MVTTER DES LEBENS
MARIA MVTTER DES ERLOESERS

Die Verheißung Isaaks

Die Verheißung der Geburt Jesu

RINGWALD
1979 1983

Das Loblied der Hanna

Das Loblied der Maria

Der Seher Bileam

Die Geburt Jesu

Die Flucht
aus Ägypten

Die Flucht
nach Ägypten

Debora Richterin in Israel

Hochzeit zu Kana

Eva Mutter des Lebens

Maria Mutter des Erlösers

O BABYLON
WIE OFT KEHRST DU
WIEDER EHE DIESE
WELT VERGEHT

Der Rufer in der Wüste

Taufe am Jordan

Johannes im Gefängnis

SVSSIGKEIT
IST SEIN
GAVMEN
SEINE GANZE
PERSON
LAVTER
LVST
WENDE
DEINE AVGEN
VON MIR
DENN SIE SIND
ES DIE MICH
VERWIRREN

Tanz der Salome

Enthauptung Johannes des Täufers

Österliches Lamm

Apokalyptisches Lamm

FOLGET MIR NACH
VND ICH WERDE
EVCH ZV MENSCHEN-
FISCHERN MACHEN

Berufung des Evangelisten Johannes

30
SILBERLING
DAS BEHERR
SCHENDE ZEICHE
AVCH VNSERE
ZEIT
JVDAS EINE
DER GANZ
WENIGEN
DER DARAN
ZERBRACH

Abendmahl

Johannes und Petrus vor dem leeren Grab

WENN EVRE GERECHTIGKEIT NICHT
KOMMENER SEIN WIRD ALS DIE DER
GELEHRTEN VND PHARISAER WERDE
NICHT HINEINKOMMEN IN DAS HIMM

Johannes und Petrus vor dem Hohen Rat

Seher auf Patmos

Portal Johannes des Täufers	Portal Johannes des Evangelisten
Österliches Lamm Joh. 1, 29	Apokalyptisches Lamm Apk. 6
Enthauptung Johannes des Täufers Mk. 6, 24–29	Seher auf Patmos Offb. 1, 9
Tanz der Salome Mk. 6, 21–23	Johannes und Petrus vor dem Hohen Rat Ap. 4, 18–20
Johannes im Gefängnis Mk. 6, 17–20	Johannes und Petrus vor dem leeren Grab Johannes 20, 3–10
Taufe am Jordan Joh. 1, 29–32	Abendmahl Mt. 26, 15–29
Der Rufer in der Wüste Mt. 3, 1–3	Berufung des Evangelisten Johannes Mk. 1, 16–20

Die Vita

Nach fünfjährigem Bemühen meiner Eltern erblickte ich endlich am 6. August 1939 in Schonach das Licht der Welt, der erste Lichtblick in meinem Leben. Die Kindheit verlief in ruhigem ländlichen Lebenskreis, trotz der Kriegsjahre. Der Kontakt zur Natur wurde früh hergestellt, sowohl durch den Kindergarten, der mitten im Wald lag, als auch durch meine Mutter und Großmutter, die die Früchte des Waldes sammelten. Schon in der Volksschule kapierte ich die sozialen Ungerechtigkeiten eines kleinen Dorfes durch manche Lehrer und den Pfarrer. Mein Weg war nicht einfach, aber auch auf einem Misthaufen blüht ab und zu eine Lilie, und eine dieser Blüten waren Bruno und Lieselotte Beylich, die viel erkannten und förderten.

Meine Schnitzerlehre in Triberg verlief sehr erfolgreich, und mit 16½ Jahren befand ich mich schon auf der rauhen See der Existenz als Geselle. Bis zur Volljährigkeit arbeitete ich als Schnitzer, um mit 21 Jahren den großen Sprung in die Kunstschule Wolkenstein im Grödnertal zu wagen. Ein zweiter Lichtblick zeigte sich am Dolomitenhimmel: eine überwältigende Natur und Landschaft, der Einstieg in die Kulturwelt Italiens, dies sind die unvergessensten Eindrücke meines Lebens, die sich tief in der Erinnerung eingruben.

Der Versuch, anschließend bei Prof. Brenninger in München zu studieren, fiel sogleich ins Wasser – welch ein Glück. So konnte ich 2 Jahre als Mitarbeiter bei dem Münchner Prof. Baur in Ruhe die Zeit gestalten (Aktzeichnen und Anatomievorlesungen, Ausstellungen usw.), um dann durch meinen Aktzeichenlehrer Florian Bosch den Weg zu Prof. Hans Wimmer an die Akademie Nürnberg zu finden. Er war der einzig „Richtige". Hier das geistig Nötige und Fachliche zu erfahren, im Experiment den eigenen Weg zu finden, prägen heute die Ergebnisse meines Schaffens. 6 Jahre, davon 2 Jahre als Meisterschüler, in einer für mich und für viele meiner Kollegen schwierigen Atmosphäre dieser Wimmer-Klasse brachten mich dann im Sprung zurück in die Heimat, wo ich seit meinem Studium freischaffend tätig bin und mich mit meiner Familie wieder angesiedelt habe.

Hier wurde mir dann zum zweiten Mal gezeigt was Heimat ist, was es heißt als Rufer in der Wüste zu stehen, dem Rufmord, dem Mißbrauch der Macht, dem Zerstören von Natur und letzten kulturellen Leistungen unserer Väter ohnmächtig gegenüber zu stehen, dies prägt auch heute noch mein „Daheimsein". Aber auch in dieser Zeit gab es Menschen, die Lichtblicke ermöglichten. Es gab eine lange Zeit mit Prof. Carlo Schmid, es gibt eine enge Freundschaft mit Dr. Wilhelm Binder, es gibt hier im Dorf liebe und auch ehrliche Freunde, es gibt dieselben draußen im Lande und ebenso weit außerhalb unserer Landesgrenzen.

Seit 1969 arbeite ich freischaffend für private Auftraggeber, für die Erzdiözese Freiburg i. Br. und andere Diözesen, für Städte und Gemeinden. Ich gestalte mit großer Freude Porträts und Akte, beschäftige mich aber auch gerne mit Tierplastiken. Die Erfolgslitanei aufzuzählen erübrigt sich, die die mein Schaffen erkennen und schätzen, finden auch ohne dies den Weg zu mir. Meine Tage sind ausgefüllt mit Arbeit, mit schönen Aufgaben, mit vollem Einsatz für das „Gesetz der Form" und die Erhaltung der Lebenswerte.

Zum Leben gehört elementar auch der Blick in die Zukunft. Dieser Blick ist gezeichnet in Sorge um die Erhaltung der Kulturwerte unserer Väter, in der bildenden Kunst um unsere Kunstjünger und den Zustand der Akademien im Südwesten, in Sorge um ihr geistiges und fachliches Niveau.

Mein Schaffen ist geprägt, auf dem zu stehen was gestern stand, unser Leben in Bild und Geist darzustellen, das Wesen der Menschen zu zeigen, dies verstehe ich als die Herausforderung an die Kunst.

Klaus Ringwald

Fotonachweis:

Porträt Carlo Schmid (Klaus Ringwald);
Porträt Emil Wachter und der Ambo in Singen (Felix Wachter);
Verona, S. Zeno (Foto Hirmer, München);
Villingen, Münster (Atelier Fred Hugel, Villingen)

CIP-Kurztitelaufnahme der Deutschen Bibliothek
Ringwald, Klaus:
Die Bronzeportale am Villinger Münster/Klaus Ringwald. -
Stuttgart; Zürich: Belser, 1985. -
ISBN 3-7630-1959-6

Satz: Fotosatz Stolz, Stuttgart
Reproduktion: Gerd Preiss, Gerlingen
Druck: Franz W. Wesel, Baden-Baden
Buchbinderei: C. Fikentscher, Darmstadt
Printed in Germany
ISBN 3-7630-1959